EL UNIVERSO EXPLICADO

Para Mery.

Gracias por ser mi estrella polar.

Para Ani.

Gracias por ser mi prisma.

CROSSBOOKS, 2022
infoinfantilyjuvenil@planeta.es
www.planetadelibrojuvenil.com
www.planetadelibros.com
Editado por Editorial Planeta, S. A.

Avda. Diagonal, 662-664, 08034 Barcelona
Primera edición: enero de 2022
Tercera impresión: agosto de 2024
ISBN: 978-84-08-25184-2
Depósito legal: B. 19.240-2021
Impreso en España - *Printed in Spain*

El papel de este libro procede de bosques gestionados
de forma sostenible y de fuentes controladas.

Doctor Fisión

EL UNIVERSO EXPLICADO

CROSS BOOKS

Sumario

Prólogo de Miguel Alcubierre **7**

Prólogo de Solmar Varela **11**

Prefacio **13**

1. ¿Cómo hemos llegado hasta aquí? **14**

2. ¿Por qué miramos las estrellas? **26**

3. El firmamento a tus pies: Galileo Galilei **40**

4. ¡Nos movemos! Isaac Newton **52**

5. Vivimos en una galaxia **64**

6. Pero... aquí faltan planetas, ¿no? **78**

7. A la velocidad de la luz **92**

8. Un universo en expansión **106**

9. La teoría del Big Bang **118**

10. La materia oscura **132**

11. La energía oscura **144**

12. Los agujeros negros **156**

13. ¡Más rápido que la luz! **170**

14. La nueva carrera espacial **180**

Agradecimientos **191**

Mis fuentes de inspiración **192**

Prólogo

Miguel Alcubierre

Doctor en Física

Desde hace años tengo una cuenta en Instagram a la que prácticamente nunca subo nada, pero desde donde sigo otras cuentas que me parecen interesantes por una razón u otra. Noticias, arte y, sobre todo, mucha ciencia. Entre ellas, sigo con un enorme gusto al Doctor Fisión. Siendo yo un científico profesional, normalmente entiendo razonablemente bien los temas sobre los que el doctor habla en sus vídeos, y siempre que los veo me maravilla su forma amena y entusiasta de hacer la ciencia no solo interesante, sino emocionante.

La comunicación de la ciencia me parece una tarea cada vez más necesaria. Más allá de explicar únicamente lo que hacemos los científicos, llevar la ciencia a la gente debe también contagiarles la pasión por el conocimiento. Como dijo alguna vez Carl Sagan, todos los niños comienzan como científicos en ciernes, con una gran curiosidad por aprender cómo funciona el mundo que les rodea. Pero en la mayoría de los casos el paso del tiempo va apagando poco a poco esa curiosidad, ante las necesidades apremiantes de la vida cotidiana. Es por eso por lo que quienes dedican su vida a llevar los grandes conocimientos científicos a la gente siempre han tenido toda mi admiración.

La ciencia es, desde luego, emocionante, ¡si lo sabré yo que me dedico a ella! Pero comunicar esa emoción, hacerlo de manera amena y entretenida y, a la vez, lograr explicar conceptos complejos de forma accesible a un público, desde luego inteligente pero sin entrenamiento científico, no es en absoluto una tarea fácil. Y el Doctor Fisión lo logra de forma espectacular con sus vídeos. Celebro que ahora lo haga también a través de este libro. El formato escrito permite explicar con mucho más detalle conceptos difíciles, contestar dudas de manera más extensa y añadir material que difícilmente cabe en un vídeo.

Este libro nos lleva en un viaje a través del tiempo y el espacio. De las antiguas civilizaciones y su mirada a los astros, al telescopio de Galileo, las leyes de Newton y la relatividad de Einstein. Del descubrimiento de que vivimos en una galaxia, a la materia oscura, la energía oscura y los agujeros negros. De la expansión del universo, a la Gran Explosión y el origen de la materia, del espacio y del tiempo. Más cercano a mi propio trabajo, el Doctor Fisión nos habla del problema de lo lenta que resulta la velocidad de la luz para visitar otras estrellas y de cómo, quizá, podamos algún día romper la barrera de la velocidad de la luz. El libro termina con una nota de optimismo al ver cómo la carrera espacial, que había quedado de lado durante varias décadas, comienza a avivarse de nuevo con la entrada de nuevos actores en escena. Si alguna vez tenemos la oportunidad de viajar a otras estrellas, el primer paso es hacer mucho más accesible el espacio cercano a nuestro propio planeta.

Enhorabuena, lector, ¡estás a punto de iniciar una aventura por el universo!

Miguel Alcubierre

Prólogo

Solmar Varela

Doctora en Física Teórica

Hermann Minkowski dijo una gran frase para la historia: «El espacio y el tiempo por separado están destinados a desvanecerse entre las sombras y tan solo una unión de ambos puede representar la realidad».

Es curioso que un día como hoy, 19 de septiembre, en que escribo este fragmento, pero hace 345 años, Ole Rømer determinara por primera vez la velocidad de la luz de forma cuantitativa, gracias a su observación solitaria del movimiento de las lunas de Júpiter. Su medida representa no más de un 75% del valor actual medido y reportado, pero se considera un gran hito astronómico. Así, ese día quedará atado a este hito, y ahora también estará unido a la culminación de la agradable lectura de este hermoso libro de un divulgador apasionado que decidió hacerse preguntas, escuchar las suyas y darles respuesta.

Mi conexión y colaboración con Doc comenzó con un mensaje que escribí en uno de sus vídeos.

«Eso significa que podríamos viajar hacia atrás en el tiempo», le dije. Y bastó ese mensaje para que él se paseara por mis vídeos y comenzáramos a intercambiar mensajes, dudas y a compartir curiosidades. Cuando en uno de esos mensajes me invitaba a colaborar con él en la revisión de este libro, me tomó por sorpresa, pero me llenó de mucho entusiasmo saber que me consideraba para tan inspirador proyecto. No tuve que pensarlo; nos lanzamos a la aventura. Así que soy partícipe directa de la dedicación que Doc ha puesto en este libro, de sus muchos mensajes en su intento de transmitir de forma sencilla y de su interés en que quede plasmada entre líneas la curiosidad, para que cuando alguien lo lea, sienta lo mismo que él: un profundo cariño por entender nuestro universo. Este libro, como él mismo me lo hizo saber, es un sueño.

Desde levantar la mirada y mirar el cielo, hasta los magníficos agujeros negros, esta obra nos da un paseo por todas las maravillas que encierra nuestro universo y nos deja la puerta abierta para imaginar que no es el final de todo, que aún quedan muchas cosas por descubrir y que nuestra capacidad de sorprendernos parece no tener fin.

Solmar Varela

Prefacio

Antes de empezar

El libro que tienes en tus manos ahora y el que yo tenía en mente cuando empecé a escribirlo son muy distintos. En el año que ha transcurrido entre la idea inicial y el resultado final han cambiado muchas cosas.

Yo tenía las ideas muy claras respecto al contenido que quería abarcar, había redactado un guion muy completo y estaba decidido a seguirlo a rajatabla todas las semanas hasta completar el trabajo, pero algo ocurrió durante este tiempo. Nuestra comunidad en las redes sociales comenzó a ser muy participativa: preguntas en directo que se convertían en vídeos, preguntas por correo electrónico que me animaban a investigar sobre temas interesantes, interminables charlas en los comentarios hablando de ciencia e incluso correcciones a vídeos que terminaban convirtiéndose en nuevos vídeos que a su vez abrían nuevos debates. Todo esto no podía quedar fuera del libro.

Como divulgador, para mí era impensable dejar fuera de esta obra lo más valioso de mi trabajo: vuestras aportaciones. Sin darme cuenta, poco a poco este libro pasó de ser vertical a horizontal, de ser un monólogo a un diálogo, de ser algo de uno a convertirse en algo de todos.

Cuando leas el libro descubrirás infinidad de detalles que has visto en los vídeos, decenas de preguntas que han sido contestadas en directo, cientos de cuestiones que han sido respondidas en comentarios. Es por eso por lo que este libro no podría empezar de otra forma que dándoos de nuevo las gracias por tanto, de todo corazón.

Doc

**El firmamento nos ha atraído
desde siempre. Para orientarnos,
para saber qué tiempo hará
al día siguiente y hasta para
preguntarnos quiénes somos
y por qué estamos aquí.
Lo mires como lo mires,
el espacio infinito nos dice
lo insignificantes que somos.**

Capítulo 1

¿Cómo hemos llegado hasta aquí?

Nada más equivocado
que pensar que el
universo es nuestro y que
está esperando a que lo
descubramos
y lo conquistemos.
No somos más que invitados
y estamos aquí de paso.

¿Cómo hemos llegado hasta aquí?

Desde pequeño he sentido una atracción casi magnética por esas pequeñas luces que cada noche aparecían en el cielo. Sentía que me miraban y me querían decir algo, pero no sabía qué. Pasaba horas en la cama tratando de recordar los nombres que hace años pusimos a las estrellas para hacerlas más nuestras. ¡Como si nos pertenecieran!

El ser humano es muy curioso; es parte de nuestra naturaleza, y en gran medida esta curiosidad nos ha hecho llegar hasta donde estamos hoy. Sea como sea, necesitamos una respuesta a las grandes preguntas: ¿Qué hacemos aquí? ¿Por qué estamos en este planeta? Y, sobre todo, ¿qué había antes de que existiera el universo?

Siempre he sido muy curioso. Quería saberlo todo y comprender cómo funcionan las cosas. Con los años descubrí que había más gente con esta inquietud. Lo cierto es que casi todos, de una forma u otra, hemos hecho cientos de preguntas simples siendo niños, y en estas preguntas es donde podemos encontrar la verdadera ciencia. ¿Por qué nieva cuando hace frío? ¿Por qué el mar es azul? Como dijo Sagan, todo niño es un científico en potencia que quiere conocer cómo es el mundo que le rodea.

Creo que la curiosidad forma parte de nuestro instinto de supervivencia, pero lo cierto es que, si en el pasado nos hubiéramos dedicado a reflexionar sobre cuándo, cómo y por qué estamos aquí, simplemente no habríamos sobrevivido. Está bien dedicarse a pensar, pero cuando te acecha una fiera hambrienta, lo suyo es echar a correr. Y cuando hacía frío, en lugar de mirar a las estrellas pensando en el origen del universo, alguien descubrió el fuego. O sea, que hemos llegado hasta la era moderna gracias a que nuestros antepasados se centraron en lo práctico: tener el estómago lleno y calor en las cuevas.

Necesitábamos dejar a un lado nuestra curiosidad o no hubiéramos podido dar prioridad a cuestiones más urgentes, como dejar de vivir viajando de un lado para otro y establecernos, cultivar nuestro alimento y tener ganado en lugar de cazar. Con esto resuelto, empezamos a plantearnos cuestiones menos prácticas y más trascendentales, como nuestros orígenes o por qué estamos aquí.

El Sol no es sino una estrella más entre las 100.000 millones que hay en nuestra galaxia, la Vía Láctea. Sabemos que la mayoría de las estrellas tienen sistemas planetarios y que nuestra galaxia es una entre 100.000 millones.

El universo tiene unos 13.770 millones de años. Durante miles de millones de años, trillones de estrellas nacieron, existieron y desaparecieron en un incesante baile cósmico de creación y destrucción. Durante incontables ciclos estelares el vacío cósmico se llenó de la materia producida por las estrellas. Resulta que en el universo cuando algo se crea otra cosa desaparece; parece una contradicción, pero así es.

Cuando una estrella se extingue, esparce los elementos de los que se componen todas las cosas que existen en el universo, incluidos nosotros. Es impactante pensar en lo distintos que son estos elementos entre sí y en lo poco que diferencia a unos de otros. Solo tienes que pensar en cómo cambian las propiedades de los elementos al combinarse entre sí. ¿Quieres probarlo? Basta con que mezcles hidrógeno (un potente explosivo) y oxígeno (un buen comburente) y obtendrás agua.

Después de 9.000 millones de años del Big Bang, una de las miles de millones de nubes de polvo y gas del cosmos colapsó sobre sí misma, debido a la inmensa gravedad que la atrapaba, y creó nuestro Sol.

Nuestro astro no es una estrella especial; de hecho, es bastante corriente. No es demasiado grande, pero tampoco demasiado pequeña; su brillo no es especialmente intenso y su actividad es más bien mínima para una estrella: esto la hace perfecta para nosotros.

De ser mucho más activa, simplemente haría imposible la vida como la conocemos a su alrededor. Muchas estrellas parecen molestas con sus vecinos de patio y de vez en cuando protestan en forma de ráfagas estelares de tal potencia que sencillamente borrarían cualquier rastro de vida de su vecindario; sin embargo, esto no ocurre con el Sol, que además está a la distancia perfecta de la Tierra: ni tan lejos como para que nuestro planeta esté demasiado frío, ni tan cerca como para abrasarlo con su calor. Estamos justo en la zona de habitabilidad de nuestra estrella: la región del espacio donde el flujo de radiación que llega hasta la Tierra permite que haya agua líquida sobre la superficie del planeta.

Ilustración digital del Sol.

Esta zona de habitabilidad, a la que William Whewell se refirió como «zona templada» cuando acuñó este concepto en 1853, es la que permite que la vida pueda surgir en los planetas rocosos como el nuestro, porque a esta distancia las condiciones de radiación y temperatura son perfectas. Por ahora solo hemos podido demostrar que la vida ha surgido en la Tierra, pero es muy probable que en el universo existan miles de millones de planetas que están en la zona de habitabilidad de sus estrellas. Por eso es difícil creer que seamos los únicos en el universo, aunque a día de hoy aún no hayamos sido capaces de encontrar a nadie más ahí fuera.

La Tierra tiene aproximadamente 4.500 millones de años. Los primeros 1.000 millones de años fueron muy movidos, ya que en ese tiempo pasó de ser una bola de roca fundida a tener una corteza fría y sólida, donde más adelante surgiría la vida. Sabemos muy poco sobre la composición original del mundo que habitamos, debido a los constantes cambios que ha sufrido, pero el 12 de agosto de 2010 científicos canadienses y estadounidenses publicaron un informe en el que revelaban que habían encontrado lava en un volcán de la isla de Baffin, en Canadá, que parecía proceder del manto original de la Tierra. Es lo que se conoce como un «reservorio», un depósito. Mediante los isótopos de helio, plomo y neodimio que había en el material volcánico, comprobaron que la composición original de nuestro planeta parece cuadrar con lo esperado en la formación del sistema solar. Cuando la Tierra tuvo una corteza sólida, el manto terrestre, que constituye alrededor del 84% del planeta, estuvo listo para albergar vida. La diferencia entre algo inanimado y algo vivo es a la vez tan inmensa y tan pequeña que aún no hemos sido capaces de entender este proceso. En nuestro planeta esto ocurrió cuando solo habían pasado 1.000 millones de años desde su creación. Para que surja la vida necesitamos precursores: moléculas orgánicas simples. No sabemos de dónde vinieron ni cómo se formaron, pero están solo en nuestro planeta.

El 12 de noviembre de 2014 el módulo de aterrizaje de la misión Rosetta aterrizó en 67P/Churyumov-Gerasimenko, un cometa que viaja por el sistema solar a 135.000 km/h. Este módulo falló en su maniobra y se posó únicamente en dos de sus tres patas, pero aun así consiguió descubrir 16 compuestos orgánicos (nada mal para haber fallado).

Entre esos compuestos hay moléculas precursoras de proteínas, azúcares e incluso del ADN. Una de ellas sería el formaldehído, una macromolécula orgánica compuesta de carbono, hidrógeno y oxígeno capaz de producir azúcares simples como la ribosa, que si pierde un átomo de oxígeno se convierte en desoxirribosa, que al interactuar con fosfatos puede formar ácido desoxirribonucleico o ADN. Una de las posibilidades que siempre ha barajado la ciencia es que estos precursores de la vida se hayan formado en el espacio y hayan llegado a la Tierra en asteroides. El descubrimiento de Rosetta explicaría un fenómeno conocido como «panspermia», aunque este no se centra en cómo se originó la vida en el universo, sino en cómo se distribuyó por él.

Ilustración digital de una puesta de sol sobre la Tierra.

¿Cómo hemos llegado hasta aquí?

Con el tiempo, la vida ha ido evolucionando desde los organismos más simples hasta seres vivos con consciencia, y el proceso no ha sido rápido precisamente. De los 3.500 millones de años que la vida lleva desarrollándose en nuestro planeta, el ser humano solo lleva 500.000 años, y el *Homo sapiens*, en torno a 250.000 años.

Somos unos recién llegados a este universo y nos creemos sus dueños... Nada más lejos de la realidad. Somos invitados y solo estamos de paso. No nos pertenece ahora ni lo hará nunca. Nuestra obligación con este planeta es dejarlo mejor de como nos lo encontramos al llegar. Por nosotros y por los que vienen después.

Tan solo si cuidamos y respetamos nuestro planeta podremos comprender que, si algo nos hace especiales, es la suerte que hemos tenido de habitar este universo.

Que comenzáramos a fijarnos en la cúpula celeste no fue algo sin importancia, todo lo contrario: marcó un antes y un después en la historia de la humanidad.

Capítulo 2

¿POR QUÉ MIRAMOS LAS ESTRELLAS?

Somos curiosos por naturaleza, así que no tardamos mucho tiempo en preguntarnos qué eran esas extrañas luces que parpadean en nuestro cielo. Pronto dejaron de ser algo simplemente bonito y se convirtieron en algo útil para nuestra civilización, pues nos permitieron orientarnos, mejorar las cosechas y predecir el clima.

¿Por qué miramos las estrellas?

Imagina cómo era la vida hace 250.000 años. Nuestros ancestros tenían muchas cosas de las que preocuparse: enormes depredadores, grandes tormentas, y además dependían de la caza y la recolección para alimentarse. Por si fuera poco, cuando la comida escaseaba, la única opción que les quedaba para sobrevivir era migrar a tierras más fértiles, alejándose de sus refugios. La esperanza de vida era muy corta, en torno a 20 años; no es de extrañar que no estuvieran interesados ni lo más mínimo en las estrellas.

Miles de años después, aproximadamente en el año 35.000 a. C., empezamos a preguntarnos qué eran esas luces que titilaban sobre nuestras cabezas y tratamos de observarlas y predecir su comportamiento. Sabemos que esto fue así porque, gracias a la arqueología, hemos hallado varias pistas de estas observaciones. Por ejemplo, en 1979 en el valle de

Ach, Alemania, se descubrió una tablilla de marfil de 32.000 años de antigüedad que muestra a un hombre en la misma posición que las estrellas de Orión. Además, presenta unas extrañas marcas que bien podrían ser un calendario de gestación y que, curiosamente, coinciden con el número de días que Betelgeuse, la estrella más brillante de Orión, está visible en el firmamento.

Astrofotografía de la constelación de Orión.

Cuando el cielo empezó a interesarnos no tardamos en descubrir que había una relación directa entre lo que pasaba allí arriba y lo que ocurría a nuestro alrededor; así descubrimos las estaciones y cómo el clima cambiaba con ellas. Sabemos esto gracias a diversos hallazgos. Por ejemplo, en el valle de las Maravillas, en el sur de Francia, se encontraron en varias rocas marcas prehistóricas que indican por dónde se pone el Sol en la época más cálida del año. Al ser capaces de prever cuándo haría más frío o más calor, pudimos deducir cuándo era el mejor momento para sembrar. Gracias a ello se establecieron grandes ciudades, pues contaban con un suministro garantizado de alimentos.

Pero ¿por qué existen las estaciones? Se debe al eje de rotación de la Tierra. Todas las cosas que giran lo hacen alrededor de un eje. Es su eje de rotación. Cuando este atraviesa el centro de un cuerpo, decimos que gira sobre sí mismo. Es el caso de la Tierra, pero nuestro planeta tiene una particularidad en este eje: está inclinado unos 23 grados y esto hace posibles las estaciones. Quizá pienses que no son importantes, que sin ellas tendríamos el mismo clima todo el año. En el fondo ocurriría así, aunque la Tierra estaría dividida en franjas horizontales con una temperatura similar y constante. En el ecuador el calor sería insoportable, y en los polos haría mucho más frío del que hace ahora. Las zonas habitables de nuestro planeta serían muy estrechas, se concentrarían en la franja del hemisferio norte y en la del hemisferio sur.

Las zonas habitables de la Tierra.

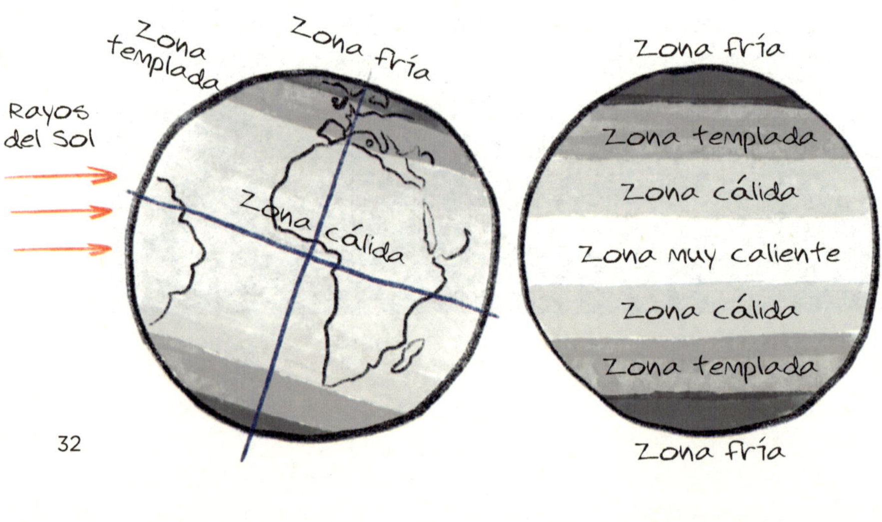

¿Por qué ocurre esto? Cuando la Tierra gira, hay una parte que mira hacia el Sol y está iluminada, y otra que mira hacia el vacío del espacio y está oscura. Es el ciclo día-noche. Si el eje de rotación fuera de 0°, los días durarían lo mismo en cualquier época del año, porque siempre recibirían la misma cantidad de luz. Lo que ocurre es que, al estar inclinado el eje de rotación, cualquier punto del planeta recorre una distancia iluminada distinta según su latitud, y esto hace que los días y las noches tengan un número distinto de horas a lo largo del año. Cuando la zona en la que estamos recibe más luz solar, porque está más horas expuesta al Sol y sus rayos inciden con un ángulo más pronunciado, la temperatura aumenta (verano), mientras que cuando recibe menos luz del Sol, disminuye (invierno). Por esta razón existen las estaciones.

El eje de rotación con y sin inclinación.

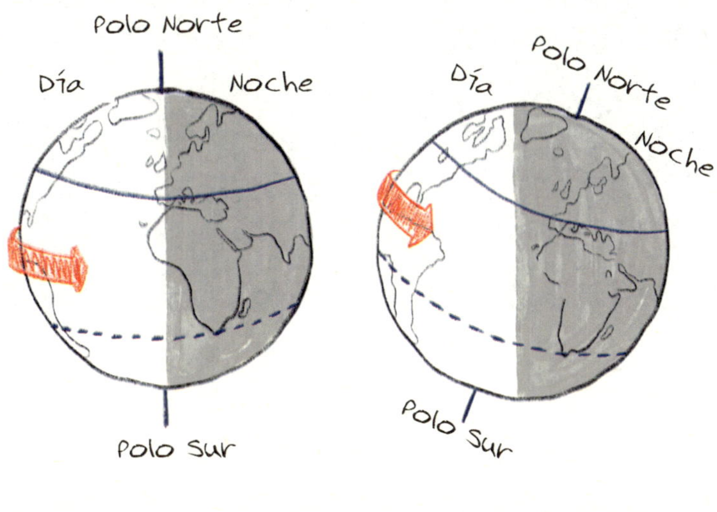

Una vez que comprendimos cómo la astronomía influía en nuestras vidas, adquirió aún más importancia. Esto sucedió en el antiguo Egipto, una de las civilizaciones más importantes de la Antigüedad, que se desarrolló en torno al Nilo. Este río crece y se desborda todos los años, gracias a lo cual riega los campos y consigue que las tierras sean fértiles. Sin el Nilo, la civilización egipcia no hubiera existido, ya que dependían completamente de él para cultivar sus tierras. Con este panorama, no tardaron en intentar prever de forma precisa cuándo se produciría el desbordamiento del río, algo realmente difícil de lograr porque, al igual que las estaciones, su llegada no es exacta. Sin embargo, pudieron observar una constante. Justamente antes de la crecida del Nilo, aparecía un punto brillante en el cielo: era Sirio.

Los egipcios no vieron una relación entre la aparición de este astro y el cambio de las estaciones, sino que pensaron que era la causa de la subida del Nilo. Por ello, empezaron a estudiar las estrellas y a tratar de encontrar relaciones entre los cambios astronómicos y los cambios de su entorno. Sirio fue bautizada como «Sopdet» (aquella que es brillante) y aparece representada en su mitología como la diosa de la abundancia. No tardaron en aparecer otros muchos dioses —como Ra, dios del Sol, o Iah, dios de la Luna— para explicar algunos de los fenómenos que sucedían en el mundo. Se estaba gestando la astrología, y con ella la idea de que lo que ocurría en el firmamento tenía consecuencias en la Tierra y sus habitantes. Pero esto no fue lo único que descubrieron observando las estrellas. Fueron los primeros en establecer el año y crearon dos calendarios —uno lunar y otro civil— para dividir el tiempo en periodos en los que organizar sus vidas. Aún hoy seguimos usando este método, porque nuestro calendario gregoriano es una modificación del calendario civil egipcio, que tan bien nos ha funcionado para adaptarnos al clima de nuestro planeta.

Uno de los aspectos más extraordinarios de la civilización egipcia es su monumental arquitectura. Miles de años después de ser construidas, las pirámides siguen siendo fuente de admiración y misterio.

¿Cómo pudieron crearse esas obras tan colosales hace miles de años? Aunque ya sabemos mucho al respecto, no han faltado teorías conspirativas, como que los alienígenas intervinieron en su construcción. No tiene sentido pensar que una especie de otro planeta haya viajado años luz hasta aquí para construir o ayudar a construir tumbas monumentales. Uno de los argumentos más empleados por quienes defienden esa teoría es que las pirámides están alineadas con el cinturón de Orión porque de ahí provienen sus constructores. Aunque hay otra explicación.

Desde el principio, nos hemos guiado por la estrella polar para orientarnos, porque nos permite encontrar el norte de nuestro planeta.

Del mismo modo, los egipcios tenían en cuenta las estrellas cuando erigían construcciones importantes, aunque para ellos era distinto. Hay que aclarar que, durante los miles de años que han transcurrido hasta nuestros días, el firmamento ha cambiado, pues las estrellas se mueven. Aunque no lo notamos, es así. De hecho, es uno de los métodos más empleados para conocer la antigüedad de construcciones milenarias. Como sabemos que estos monumentos se orientaban con las estrellas, medir su desviación nos permite saber en qué época fueron construidos. Si nos pusiéramos en la mente de un constructor egipcio de aquella época, nos daríamos cuenta de que, orientando las pirámides hacia ellas, el faraón podría encontrar más fácilmente el camino hacia la vida eterna. Esto era muy importante, porque una buena preparación de este viaje podía significar la diferencia entre el éxito y el fracaso, así que cada detalle del mismo era tratado con máximo esmero. Por eso eran enterrados con armas, comida, caballos, vasijas y lujosas prendas. Todo ello sería de gran utilidad en su paso al más allá, y la orientación de las pirámides hacia las «inmortales» —nombre que recibían estas estrellas del cinturón de Orión, ya que siempre eran visibles— era un detalle más.

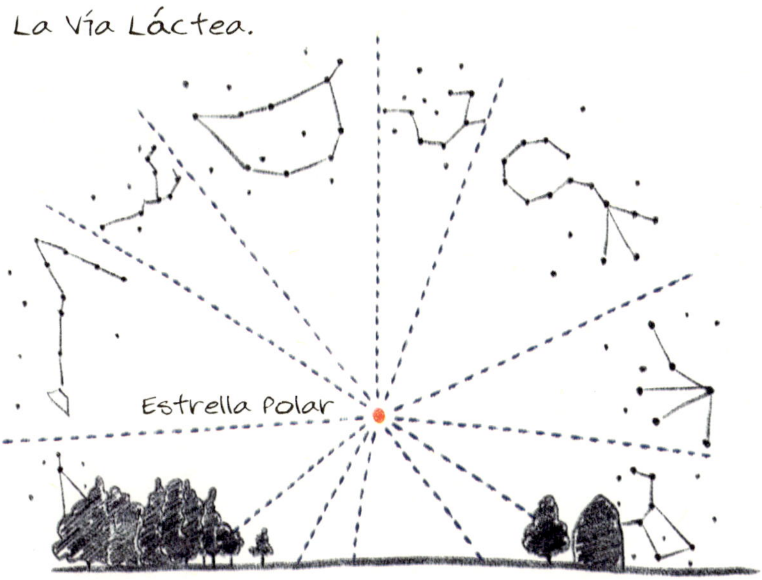

En aquella época, los egipcios no fueron los únicos que se fijaron en el firmamento.

Desde el año 1894 a. C. hasta el 359 a. C. los babilonios, que extendieron su imperio por la región centro-sur de Mesopotamia, también fueron destacados astrónomos.

Además del Sol, la Luna y algunas estrellas, conocían Mercurio, Venus, Marte, Júpiter y Saturno, que se ven a simple vista. Desde luego, no sabían que eran planetas, sino que pensaban que eran estrellas que se comportaban de forma distinta; de ahí su importancia. Al ser estrellas que desobedecían al resto, se convirtieron en astros especiales. Por supuesto, no tardaron en encontrar una relación directa entre los cambios astronómicos y los de su entorno, lo que dio origen a la astrología. Comenzaron a documentarlos, incluyendo las posibles consecuencias que tenían en su vida.

Pero ¿cómo podían transmitir esta información a las generaciones venideras?

En una noche clara es posible observar unas 3.000 estrellas a simple vista y, en esas condiciones, se parecen un montón entre ellas, así que era casi imposible distinguir unas de otras.

Los babilonios concibieron un método infalible para encontrar los astros más importantes: asociaron grupos de estrellas con formas que pudieran ser reconocidas fácilmente, como personas, animales o cosas, y esto dio origen a las constelaciones. Dividieron el firmamento en 71 constelaciones, entre las cuales había 12 especialmente importantes para ellos. Es fácil imaginar cuáles son: los signos zodiacales que conocemos hoy en día.

Galileo está considerado como el padre de la astronomía, la física y la ciencia modernas, así como el primer divulgador de la historia.

Planetario Galileo Galilei. Buenos Aires, Argentina.

Capítulo 3

El firmamento a tus pies: Galileo Galilei

Las observaciones de Galileo le llevaron a la conclusión de que la Tierra no era el centro del universo. Su teoría no sentó nada bien a la Iglesia, que le juzgó y obligó a retractarse bajo amenaza de muerte. Antes que él, otros astrónomos propusieron que el centro del universo no era la Tierra, sino el Sol. Pero la perseverancia de Galileo, y el telescopio, cambiaron el curso de la historia.

El firmamento a tus pies: Galileo Galilei

En el siglo XVI las cosas estaban un poco revueltas por Europa. Lo cierto es que no eran muy buenos tiempos para hacer ciencia, por decirlo de algún modo, porque cualquier pensamiento que contradijera lo establecido era censurado y castigado.

Galileo Galilei nunca soñó con ser científico ni astrónomo. Su padre era músico y, aunque le enseñó a cantar y a tocar instrumentos, quería que su hijo estudiara una carrera que le permitiera tener prestigio y un buen puesto en la sociedad. Lo que Galileo quería de verdad era ser clérigo, ya que se consideraba un hombre de fe, aunque su padre le quitó rápidamente la idea de la cabeza y comenzó a estudiar —de mala gana— medicina en Pisa. Un día, cuando iba a clase, sucedió algo inesperado: se confundió de aula y terminó asistiendo sin quererlo a una clase de geometría. Al terminar esa clase, Galileo comprendió que su verdadera vocación eran las matemáticas y la filosofía, y en cinco años consiguió el puesto de catedrático de la Universidad de Pisa.

Mucha gente piensa que Galileo inventó el telescopio, pero en realidad no fue así. La historia es mucho mejor de lo que se cuenta por ahí. En 1608 Hans Lippershey —un fabricante de lentes alemán— patentó en La Haya el telescopio, un invento que mediante lentes permitía ver las cosas más de cerca. El invento no interesó a las autoridades; le compensaron económicamente por la idea y le pagaron una gran suma de dinero para que transformara su diseño en algo mucho más útil para ellos: unos binoculares, seguramente con fines bélicos. Lo cierto es que las noticias de este invento corrieron por Europa como la pólvora y Galileo no tardó en construir su propio telescopio con tres aumentos. Inquieto e inconformista, enseguida se dio cuenta de que, con sus conocimientos de matemáticas y geometría, podía mejorar la óptica. Al poco tiempo diseñó y fabricó un telescopio de 20 aumentos que desafiaba las leyes de la óptica de aquellos momentos. Sin embargo, su invento no tenía ninguna utilidad.

Un instrumento tan potente no era útil, porque acercaba excesivamente las cosas. Entonces a Galileo se le ocurrió una idea que cambiaría para siempre la historia: apuntar con su telescopio a la Luna.

Al tener en sus manos un telescopio tan potente, Galileo pudo observar algo que le dejó atónito: cuando la Luna crece o mengua, la línea que separa la parte oscura de la clara no es continua, sino que presenta irregularidades. Esto contradecía las creencias que se tenían en la época: los cuerpos celestes eran perfectos (solo la Tierra presentaba imperfecciones).

Nuestra idea de la Luna antes y después de las observaciones de Galileo.

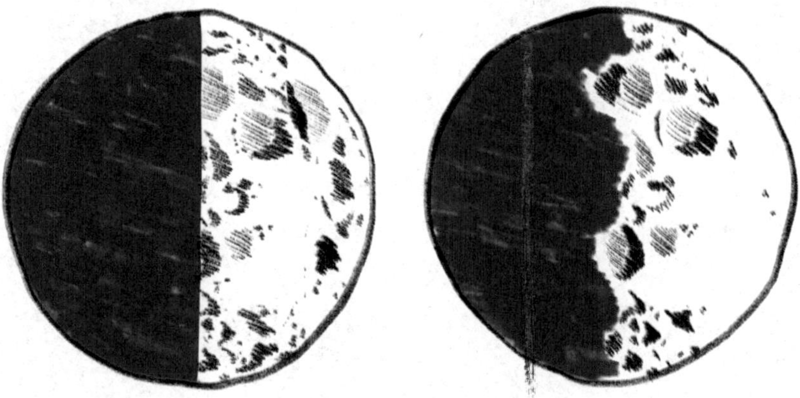

Además, sus observaciones solo podían significar una cosa: Aristóteles estaba equivocado al asegurar que la Tierra era el centro del universo, porque lo que él veía con su telescopio no se correspondía con esa idea.

Galileo recogió estas observaciones en el tratado de astronomía *Mensajero sideral*. Y también otras, como que muchos astros eran grupos de estrellas o nebulosas que a simple vista parecían ser una sola. Era el caso de la nebulosa de Orión o de las cuatro estrellas que se alineaban en torno a Júpiter. Causó mucho revuelo, y eso que no sabía que formaban parte de las 79 lunas del gigante gaseoso. Rápidamente se habló del tratado de Galileo en círculos académicos.

Galileo demostraba que existía un cuerpo celeste alrededor del cual orbitaban cuatro objetos, algo que contradecía lo que se pensaba. Pero hubo algo más importante aún: cualquier astrónomo con un telescopio podía corroborar sus observaciones.

En esa época imperaba el modelo ptolemaico del universo, también conocido como «teoría geocéntrica». Según este modelo, la Tierra era el centro del universo, y alrededor de ella giraban el Sol, la Luna, las estrellas y demás astros.

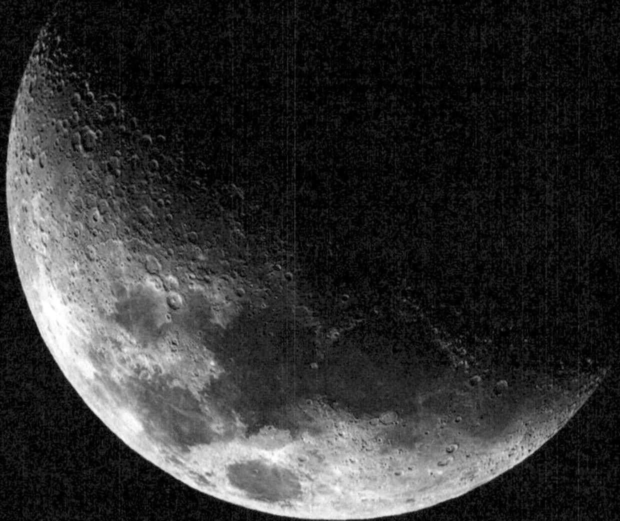

Astrofotografía de la Luna.

Galileo no pudo demostrar la teoría heliocéntrica —el modelo astronómico según el cual la Tierra y los planetas se mueven alrededor del Sol—, pero pensaba que Copérnico estaba en lo cierto, especialmente cuando observó que, dependiendo de la posición de Venus, vemos una parte u otra iluminada de este planeta, cosa que solo sería posible si da vueltas alrededor del Sol y si se encuentra más cerca de él que nosotros.

La teoría geocéntrica imperaba en ese momento, así que la Inquisición no tardó en tomar cartas en el asunto.

Roberto Belarmino —conocido como el «martillo de los herejes»— fue el encargado de procesar a Galileo Galilei. Belarmino había condenado a la hoguera poco tiempo antes a Giordano Bruno por proponer que el Sol era simplemente una estrella y que el universo debía contener un infinito número de mundos habitados por animales y seres inteligentes, así que era comprensible que Galileo estuviera más que preocupado por su inminente juicio. Al no haber realmente pruebas del heliocentrismo en su teoría —seguramente no por falta de ganas, sino de medios para poder demostrarlo—, la Inquisición tampoco pudo condenarle y decretó que su teoría era herética, absurda y errónea en fe. Galileo se salvó de la hoguera por poco, aunque además de prohibir su libro, le ordenaron que abandonara su opinión o sería procesado.

Representación del modelo geocéntrico.

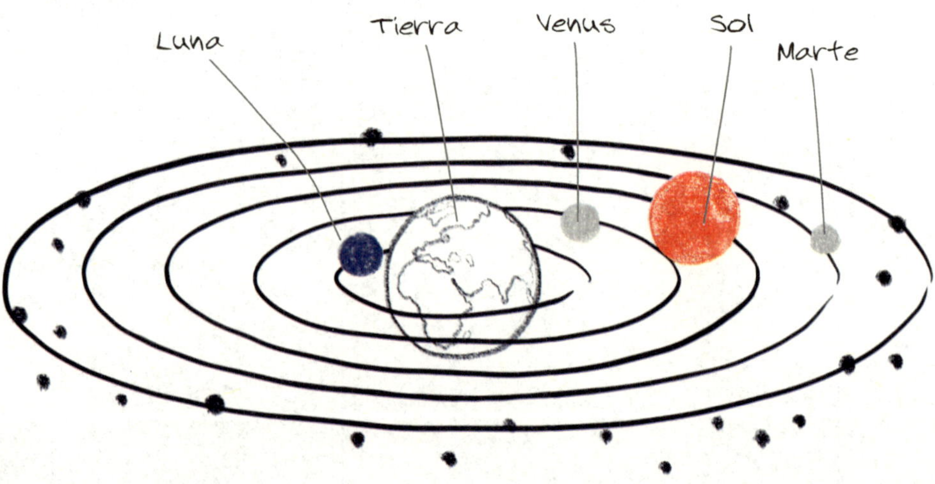

Pasó mucho tiempo trabajando en otros asuntos mucho más mundanos, hasta que seis años después Maffeo Barberini fue nombrado papa con el nombre de Urbano VIII. Barberini era un gran admirador de Galileo —y además eran muy amigos—, con lo que este vio de nuevo abierta la posibilidad de estudiar y escribir sobre el heliocentrismo. Además, Barberini era un hombre culto y con ideas, y no estaba para nada de acuerdo con el anterior edicto, ya que pensaba que este modelo era una simple herramienta para tratar los astros. Con esta nueva situación, Galileo lo tuvo muy claro: retomó rápidamente su trabajo sobre el heliocentrismo y escribió el *Diálogo*. Necesitó seis años para terminarlo; en él explica sus teorías a través de una charla entre tres amigos que debaten durante cuatro días seguidos.

El libro —contrariamente a lo que dictaban las normas de la época— estaba escrito en italiano para que lo pudiera entender todo el mundo, lo que demuestra que Galileo quería que su teoría fuera ampliamente respaldada por el público. Para asegurarse de que su obra no tuviera la oposición de la Inquisición, se la entregó para que la revisaran, ya que estaba seguro de que sería todo un éxito. Además, el libro era muy divertido y estaba escrito en tono didáctico, así que ¿qué podría salir mal?

Contra todo pronóstico, su amigo Urbano VIII montó en cólera cuando recibió el libro. Algunos estudiosos apuntan a que Galileo, además del aprecio de sus admiradores, se había ganado el desprecio de un buen puñado de detractores, que convencieron al papa de que uno de los personajes —Simplicio, ojo al nombre— estaba inspirado en su figura. En la obra, Simplicio era ridiculizado y humillado porque sostenía ardientemente —y con poco acierto— la teoría geocéntrica, mientras que los otros dos personajes, inteligentes y locuaces, defendían la teoría heliocéntrica. Urbano VIII llamó a Galileo a Roma y fue juzgado por un tribunal de diez cardenales, que le condenaron por herejía a:

«Abstenerse completamente de enseñar o defender esta doctrina y de dar su opinión o discutirla. Abandonar completamente la idea de que el Sol es estacionario en el centro del mundo y que la Tierra se mueve».

Dice la leyenda que Galileo fue obligado a suplicar clemencia de rodillas leyendo un manuscrito donde negaba la teoría heliocéntrica y que al terminar añadió en voz baja: *Eppur si muove* (y, sin embargo, se mueve).

Galileo fue encarcelado por hereje, aunque su condena fue suavizada gracias a la intervención de sus amigos —algunos muy poderosos—, y pasó sus últimos días bajo arresto domiciliario en varias ubicaciones: la casa del embajador en Roma, la del arzobispo en Siena y, por último, su propia casa. Durante estos años se le prohibió recibir visitas y hablar sobre el heliocentrismo; sin embargo, él continuó escribiendo —en esta ocasión sobre el movimiento y la mecánica— y creó una de las obras de divulgación más geniales de todos los tiempos: *Discurso y demostración matemática, en torno a dos nuevas ciencias*. En esta obra habla de cosas como el plano inclinado, la caída libre y la composición del movimiento, temas que a día de hoy se siguen estudiando.

**Newton nació el mismo
día que murió Galileo,
y lo hizo en un país que
condenaba la alquimia.
Al igual que todos los
estudiosos que trabajaban
en esta área, Newton
trataba de encontrar
la piedra filosofal para
poder convertir cualquier
material en oro, pero todo
cambió el día en que una
manzana cayó de un árbol
y él descubrió la gravedad.**

Capítulo 4

¡Nos movemos! Isaac Newton

Cuenta la leyenda que Newton vio caer una manzana de un árbol. Ese simple hecho, que pasaba desapercibido para el resto de los mortales, hizo que Newton atara los cabos que le quedaban sueltos tras muchos años de estudio e investigación: había descubierto la gravedad, aunque durante un tiempo se lo guardó para sí mismo.

¡Nos movemos! Isaac Newton

Al norte de Londres había un pequeño pueblo llamado Woolsthorpe. Era una aldea sembrada de campos de cultivo cuyos habitantes llevaban una vida tranquila, alejados del ajetreo de Londres, la capital de Inglaterra. Lo más emocionante que podía pasar en sus calles era la llegada del cartero o quizá que algún caballo se desbocara y estampara el carro de heno contra la botica.

Isaac Newton nació en Navidad, en una familia humilde pero con importantes recursos económicos y propiedades. Desde luego la educación no estaba entre las prioridades de su familia paterna: Isaac fue el primero de los Newton en saber escribir su nombre. Sin embargo, en su familia materna ocurría todo lo contrario; los Ayscough tenían reconocimiento social y educación, así que Newton pudo comprobar de primera mano lo importante que son los estudios en el desarrollo personal.

Su padre murió antes de que él naciera. Cuando Isaac era muy pequeño, su madre conoció a un hombre adinerado, que le puso como condición para su relación que se mudara con él a su casa, pero sin el niño, que quedó a cargo de sus abuelos.

En la escuela, Newton destacó por ser un alumno vago, terco y poco dado a hacer amistades con otros niños. Aun así, acabó sus estudios y a los 17 años regresó a la granja con su madre. La familia decidió que se encargara de trabajos en la granja familiar, pero Newton pasaba gran parte del tiempo fantaseando y sumido en sus pensamientos, de modo que desantendía sus obligaciones. Por ello, su madre decidió que continuara con sus estudios e ingresó en la universidad.

Estudió compulsivamente durante largas jornadas de trabajo con un método muy poco ortodoxo: copiando palabra por palabra los libros que leía, un método poco común pero que le sirvió para obtener su título con 23 años.

Consideraba que cualquier otra práctica que no fuera estudiar era una pérdida de tiempo, incluyendo comer y dormir. Pasaba el día encerrado en absoluta soledad trabajando en silencio. Su carácter era agrio y malhumorado.

Un día, tomando el té con su amigo Edmund Halley y con su archienemigo Robert Hooke, debatieron acaloradamente sobre temas científicos. Durante la charla, Halley le preguntó sobre la relación entre el movimiento elíptico y una fuerza de atracción entre los cuerpos. Newton respondió que había resuelto ese problema hacía tiempo y que había averiguado que una fuerza que varía con el inverso del cuadrado de la distancia podría demostrar la existencia de estas órbitas; lamentablemente, había perdido los papeles donde había anotado los cálculos. Halley le animó a que los hiciera de nuevo e insistió en su importancia, y él aceptó.

Newton escribió *Philosophiae naturalis principia mathematica*, probablemente la obra científica más importante de todos los tiempos.

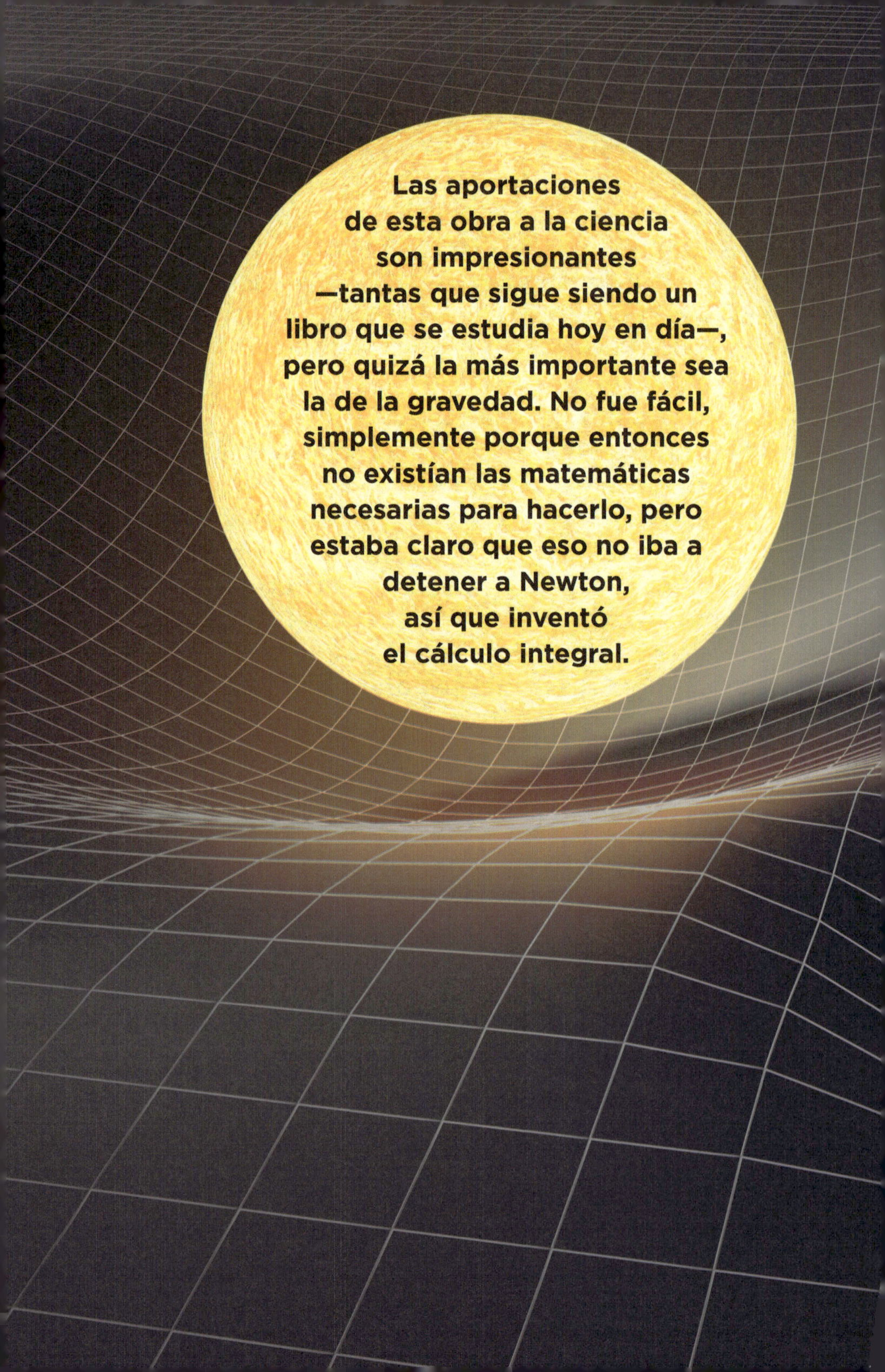
Las aportaciones de esta obra a la ciencia son impresionantes —tantas que sigue siendo un libro que se estudia hoy en día—, pero quizá la más importante sea la de la gravedad. No fue fácil, simplemente porque entonces no existían las matemáticas necesarias para hacerlo, pero estaba claro que eso no iba a detener a Newton, así que inventó el cálculo integral.

Aunque normalmente nos referimos a la gravedad como una fuerza, en realidad no lo es. En la relatividad general la gravedad no es la fuerza ejercida entre masas, sino un efecto de la curvatura del espacio y del tiempo en presencia de una masa. A esta fuerza la llamó «gravitas», término que proviene del latín y significa «pesadez».

Hasta entonces muchos investigadores —como Galileo— habían descrito esta fuerza, aunque ninguno había sido capaz de modelarla matemáticamente. Pero vamos por partes.

La primera ley de Newton dice así: «Todo cuerpo tiende a mantener su estado de movimiento o de reposo a menos que una fuerza externa actúe sobre él».

Parece mentira que esta ley, tan sencilla aparentemente, tenga una repercusión tan amplia en nuestras vidas y en el universo; explica, por ejemplo, que cuando un autobús frena bruscamente salgas disparado hacia adelante, así que está bien tenerla presente. Esto es algo nada fácil de abstraer, porque lo que observamos en la naturaleza es justo lo contrario: si lanzas una pelota, terminará por detenerse al poco tiempo, por lo que aparentemente cualquier cuerpo tiende a perder su movimiento, cuando es justamente lo opuesto. Newton se dio cuenta de esto y dedujo que si se detenía era por el rozamiento contra el suelo y el aire, pero que un cuerpo en el espacio continuaría con su movimiento indefinidamente. Esta ley explica por qué un objeto puede orbitar otro.

Imagina que te pones a jugar con un amigo a la pelota, y él se pone a 50 metros de distancia de ti. Tú le pasas el balón con todas tus fuerzas, pero, como está tan lejos, el balón termina en el suelo. ¿Qué ocurre? Aquí intervienen dos fuerzas principalmente: una es la fuerza de empuje con la que lanzas el balón y otra es la de la gravedad, que tira de él hacia el suelo, curvando su trayectoria.

Pero ¿qué pasaría si la velocidad de la pelota fuera exactamente igual a la gravedad y la anulara? Pues que el balón no tocaría el suelo, llegaría hasta tu amigo y continuaría —de hecho dando vueltas alrededor de la Tierra—. Lógicamente no lo haría para siempre, porque la atmósfera de nuestro planeta produce un rozamiento que iría frenando paulatinamente el balón hasta que su velocidad fuese vencida por la gravedad y cayese al suelo. Pero ¿y en el espacio?

En el espacio el rozamiento es prácticamente irrelevante, ya que está casi vacío, así que un cuerpo que tenga una determinada velocidad continuará moviéndose indefinidamente.

Ahora imagina que este objeto está siendo atraído por la Tierra, por ejemplo. Si la velocidad que lleva coincide exactamente con la fuerza de la gravedad que la Tierra ejerce sobre él, la gravedad tirará de este objeto, curvando su trayectoria; es decir, hará que el objeto orbite. Pongamos un caso práctico.

La Estación Espacial Internacional o ISS orbita la Tierra a 400 km de distancia. Su velocidad orbital es de 27.576 km/h. A esta velocidad la fuerza de la gravedad curva su trayectoria y por eso está dando vueltas a la Tierra constantemente.

Esta fórmula nos permite calcular la velocidad orbital de un objeto, donde G es la constante gravitacional, M es la masa del cuerpo atrayente y r el radio de la órbita. Nos permite sacar una conclusión muy interesante: la velocidad orbital no depende de la masa del cuerpo que orbita, y es inversamente proporcional a la raíz cuadrada del radio de la órbita: es decir, que cuanto mayor sea el radio, menor será la velocidad necesaria para describir dicha órbita.

Las aportaciones de Newton a la ciencia fueron incontables. Solo con su obra *Principia* ya sería considerado uno de los mayores genios de la historia, pero no quiero cerrar este capítulo sin mencionar una de sus obras más geniales: el telescopio refractor (también llamado «telescopio newtoniano» en su honor). Se dio cuenta de que los telescopios tradicionales tenían un grave defecto: la aberración cromática de la luz. Este fenómeno se produce cuando la luz atraviesa un medio y hace que sea imposible para una lente enfocar todos los colores en un único punto de convergencia —piensa en un prisma y cómo se forma un arcoíris al atravesarlo—. Esto hacía que las observaciones de los telescopios primitivos fueran de muy baja calidad, ya que en las imágenes se formaban manchas rojas y azules.

Newton diseñó un telescopio tan revolucionario que sigue siendo el preferido de los astrónomos aficionados, y lo hizo de la forma más brillante y simple: con un espejo primario cóncavo y un espejo secundario de plano diagonal. Así se quitó de encima la aberración cromática y, de paso, comprobó algo que sospechaba: que la luz blanca que observamos está compuesta de múltiples colores (se creía que el prisma coloreaba la luz al atravesarlo y no que la dispersaba provocando que se mostraran los colores del arcoíris).

Una de las cosas que más han intrigado a los seres humanos es esa extraña banda blanca que recorre el firmamento. Por supuesto, encontramos la explicación clásica en el *affaire* entre Zeus y Hera, que se encuentra en el origen del nombre de la Vía Láctea. No fue hasta 1755 cuando Kant encontró una respuesta mucho más lógica.

Capítulo 5

VIVIMOS EN UNA GALAXIA

Se cree que hay unos 100.000 millones de galaxias y que cada galaxia puede albergar unos 100.000 millones de estrellas. Eso equivale a 10.000 trillones de estrellas en el universo.

Vivimos en una galaxia

Si tienes la suerte de vivir en una ciudad sin contaminación lumínica, podrás ver a simple vista unas 3.000 estrellas en una noche despejada. Por cierto, si nunca lo has hecho, te recomiendo que des un paseo a la luz de la Luna y mires el cielo, porque es una de las experiencias más enriquecedoras que existen.

Pero volvamos al tema que nos ocupa. Si eres observador —y si tienes este libro entre tus manos seguro que lo eres— habrás visto una gran mancha blanquecina en el cielo, inclinada unos 63° sobre el horizonte: es la Vía Láctea, nuestra galaxia, y nos movemos con ella a aproximadamente 2 millones de km/h. Aunque no nos demos cuenta, la Tierra gira sobre su eje a una velocidad de 1.600 km/h y alrededor del Sol a 100.000 km/h. A su vez, el Sol orbita alrededor del centro de la Vía Láctea a 850.000 km/h y esta viaja a casi 2,3 millones de km/h por el cosmos: recorre 630 km cada segundo.

Hasta 1755 no sabíamos nada de esto. Se pensaba que las estrellas que existían eran las que podíamos ver en el cielo y que la Vía Láctea era una acumulación de polvo y gas. Esto, que ahora nos resulta ridículo, fue un gran progreso teniendo en cuenta que en la Antigüedad se creía que la Vía Láctea era leche derramada del pecho de la diosa Hera.

En 1750 Thomas Wright escribió *Una teoría original o nueva hipótesis del universo*, una obra en la que postulaba que las estrellas no están dispersas

por el universo, sino que están organizadas, y que la franja luminosa que vemos desde la Tierra es fruto de esa organización. La obra de Wright pasó totalmente desapercibida en su tiempo, pero el filósofo Immanuel Kant, que ya era un personaje muy famoso en esa época, completó la idea de Wright y le dio forma, ya que llegó a la conclusión de que en realidad la Vía Láctea era una galaxia, precisamente la nuestra. Kant no pudo demostrarlo, pero despertó el interés de otros científicos de la época, que trabajaron en su idea.

Astrofotografía panorámica de la Vía Láctea visible. Estrellas, nebulosa y polvo de estrellas en el cielo nocturno.

Para comprender un poco más la magnitud de nuestra galaxia vamos a hacer un viaje a la velocidad de la luz, que es de 299.792,458 m/s, aunque solemos redondearla a $3·10^8$ m/s. Esto significa que en un segundo daríamos 7,5 veces la vuelta a la Tierra.

La Luna está a unos 400.000 km de distancia, por lo que llegaríamos a ella en 1,3 segundos. Si seguimos nuestro viaje, tardaríamos unos 15 minutos en llegar a Marte; a Plutón, 4,6 horas, y más de un año en llegar a la nube de Oort. Para llegar a Próxima Centauri, la estrella más cercana a nuestro planeta, tardaríamos 4,37 años viajando a la velocidad de la luz. Si lo piensas detenidamente, estamos muy lejos de todo en el universo; las distancias son colosales.

Creemos que la luz es instantánea porque solemos pensar en cómo la percibimos en nuestro planeta, pero en términos cósmicos la luz no es tan rápida. El ser humano lleva más de un siglo emitiendo ondas electromagnéticas al espacio —de radio al principio y de televisión después—. Estas emisiones llevan vagando por el espacio todo este tiempo, pero ¿qué distancia han recorrido? Nuestras emisiones están contenidas en una esfera de unos 200 años luz de distancia, lo que significa que en este periodo tan solo han visitado unos 8.000 sistemas estelares, y eso que viajan en todas direcciones.

Es muy difícil que una civilización extraterrestre capte nuestras señales, porque estadísticamente las posibilidades de que haya vida en tan pocas estrellas es muy baja. Además, nuestras señales se degradan con el tiempo, por lo que, a más distancia, más ininteligibles son.

La Vía Láctea tiene aproximadamente 100.000 años luz de diámetro y 52.850 años luz de radio. Se estima que podría contener entre 200.000 y 400.000 millones de estrellas, y cada una de ellas tendría de media dos planetas orbitando. En más de 100 años hemos llegado al 0,2% de la Vía Láctea, y solo es una de las 100.000 millones de galaxias que hay en el universo.

Las galaxias tienen tres partes principales: el bulbo, el disco y el halo galáctico. El bulbo es la zona central donde se concentran la mayoría de las estrellas; en el caso de la Vía Láctea, además, hay un agujero negro supermasivo que se llama «Sagitario A». El bulbo es la zona más convulsa de la galaxia, donde las estrellas se mueven más rápido respecto a su centro. El disco está formado por los brazos espirales y es donde encontramos la mayor parte del gas y los criaderos estelares. El halo galáctico es una parte especialmente interesante de las galaxias. Es una región esferoidal que envuelve la galaxia y que está compuesta por estrellas viejas y gas caliente; este gas es un gran reservorio para la formación de futuras estrellas.

Partes de una galaxia.

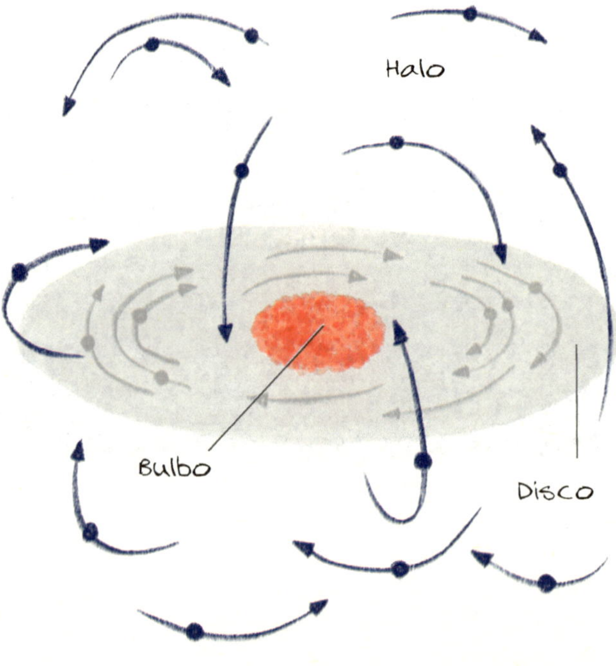

En las galaxias, la distribución de las estrellas no es uniforme, y podemos encontrar multitud de cúmulos globulares, que son regiones con una alta densidad de estrellas que se agrupan siguiendo un patrón. Estas regiones contienen las estrellas más antiguas.

Las galaxias se dividen principalmente en cuatro configuraciones distintas dependiendo de su forma: elípticas, espirales, lenticulares e irregulares. Esta clasificación fue propuesta por Edwin Hubble en 1936. No tiene en cuenta ni la tasa de formación de estrellas ni la actividad del núcleo de la galaxia, solo su aspecto. Hubble basó su clasificación en fotografías de las galaxias; pensaba que las galaxias elípticas eran así porque estaban en una edad temprana de su desarrollo, y que luego evolucionaban a espirales. Sin embargo, ahora se cree que es justo lo contrario, que comienzan siendo espirales y terminan siendo elípticas. Aun así, su clasificación dejó huella en el lenguaje que utilizan los astrónomos, y seguimos hablando de «tipo primitivo» o «tipo avanzado» de galaxias según aparezcan a la izquierda o la derecha del diagrama de Hubble.

La Vía Láctea es una galaxia de tipo espiral barrada, y esta barra es una banda central de estrellas brillantes. Los brazos espirales aparecen al final de ella, mientras que en las espirales surgen del centro de la galaxia. Esta característica puede parecer algo especial de nuestra galaxia pero en realidad no lo es: dos de cada tres galaxias espirales son barradas. Esta barra afecta al movimiento de las estrellas y del gas interestelar, así como a los brazos de la galaxia.

Diagrama en diapasón
de la secuencia de Hubble.

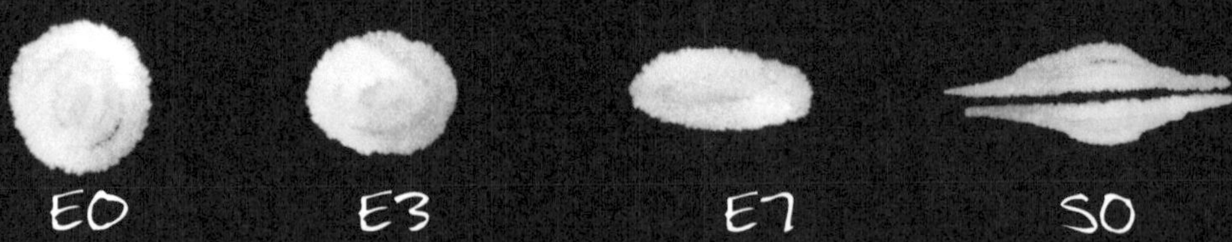

Hubble clasificó este tipo de galaxias como SB y dividió este grupo en cuatro: SBa —con los brazos muy unidos y una protuberancia en el centro—, SBb —de tipo intermedio—, SBc —tienen los brazos muy sueltos— y SBd —su núcleo es casi inexistente—. Posteriormente se creó un quinto tipo —llamado SBm— para describir galaxias irregulares, como las Nubes de Magallanes. La Vía Láctea es una galaxia de tipo SBbc, intermedia con los brazos muy sueltos.

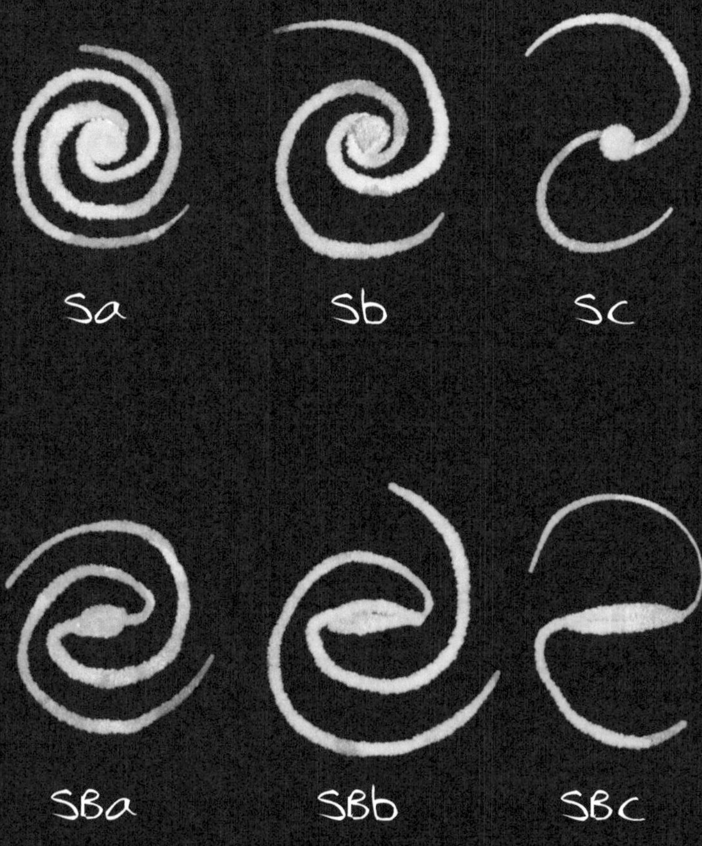

La Vía Láctea rota en el sentido de las agujas del reloj. A su vez cada una de las estrellas que la componen se mueve de forma independiente. En el disco describen círculos y movimientos ondulatorios en la misma dirección, pero en el bulbo las estrellas se mueven orbitando el disco galáctico con orientaciones al azar. El Sol orbita el centro de la galaxia cada 235.000 millones de años, así que desde que se creó ha dado unas 20 vueltas a la misma. Por este motivo no observamos movimiento en las estrellas: están demasiado lejos como para que podamos percibirlo, aunque sí será posible dentro de miles de años.

Imagina que pudieras visitar una estrella de nuestra galaxia cada segundo. Teniendo en cuenta que la vida edia de una persona es de 80 años, serías capaz de visitar 2.524 millones de estrellas, lo que equivale al 1% o el 0,5% de todas ellas. El amplio margen de error es porque aún somos incapaces de calcular el número exacto de estrellas en nuestra galaxia.

La Vía Láctea interactúa con las demás galaxias. Nuestra vecina más cercana es Andrómeda, una galaxia más grande que la nuestra —con aproximadamente 150.000 años luz de diámetro y al menos un billón de estrellas— que está a 2,5 millones de años luz de distancia. Esta galaxia y la nuestra son las dos más importantes de una región de 50 galaxias unidas por la gravedad.

Andrómeda se mueve a 110 km/s en dirección a nosotros. Ambas galaxias colisionarán dentro de 4.000 millones de años.

Cuando esto ocurra se fusionarán en una sola, dentro de 6.000 millones de años, en un proceso que se cree que no será destructivo para ambas galaxias. El telescopio espacial Hubble ha realizado un mapa galáctico del halo de Andrómeda que se extiende a 1,3 millones de años luz e incluso hasta 2 millones de años luz en algunos puntos, y hemos descubierto que ya ha colisionado con el halo de la Vía Láctea. El proceso está ya en marcha y a esta nueva galaxia se le ha dado nombre: Lactómeda.

Una vez que quedó claro que conocíamos todos los planetas del sistema solar y los tuvimos bien mapeados y ubicados, Herschel realizó cálculos y descubrió que algo no cuadraba; sin duda en el firmamento debía haber otro planeta que no habíamos logrado observar, y no se equivocaba: había descubierto Urano.

Capítulo 6

Pero... aquí faltan planetas, ¿no?

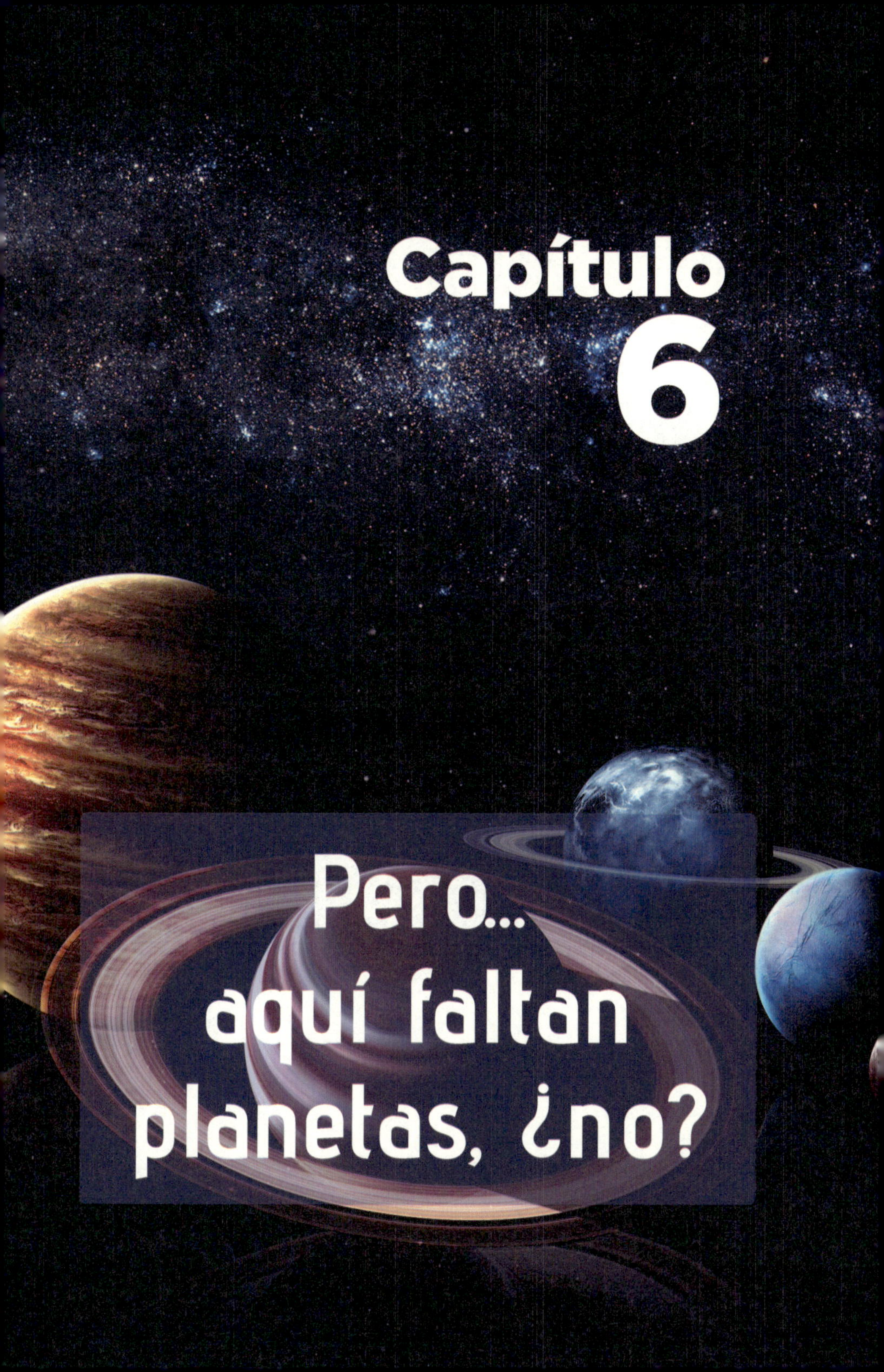

Herschel construyó un telescopio de casi mil aumentos, uno de los más potentes de su época —recuerda que el de Galileo solo tenía 20 aumentos— y comenzó a explorar el firmamento.

Pero... aquí faltan planetas, ¿no?

A finales de 1700 Europa estaba inmersa en la Ilustración, un movimiento cultural e intelectual que inspiró grandes cambios sociales y culturales. El nombre de «Ilustración» se debe a que pretendía disipar las tinieblas de la ignorancia de la humanidad mediante las luces del conocimiento y la razón; de ahí que también se conozca esta época como el Siglo de las Luces. Los pensadores ilustrados creían que el conocimiento podía combatir la ignorancia y la superstición para crear un mundo mejor. Este movimiento tuvo una enorme acogida por parte de la burguesía y de la aristocracia.

William Herschel era un músico alemán que tuvo que huir a Inglaterra durante la guerra de los Siete Años. Al igual que muchas otras personas a lo largo de la historia de la humanidad, se vio obligado a dejar todo atrás por culpa de la guerra y comenzar una nueva vida lejos de su país.

Herschel emigró a Inglaterra y allí fue organista en la iglesia de Bath. Se trataba de un cargo muy importante y, desde luego, muy bien remunerado. Pero a pesar de amar la música, Herschel tenía un sueño, y con 35 años comenzó a estudiar ciencia. Se cuenta que mientras paseaba encontró una librería y compró dos volúmenes: *Astronomía* de James Ferguson y *Óptica* de Robert Smith. Aquello cambió el curso de su historia y el de la ciencia.

Dicen que las musas son unas diosas muy caprichosas, aunque yo no he podido constatar este hecho empíricamente porque conmigo son muy buenas y siempre que las llamo acuden a mi lado.

Herschel tampoco pudo tener queja, porque escribió un buen puñado de obras musicales muy destacadas. Pero en cada persona la inspiración funciona de forma muy diferente y en muchas ocasiones no atiende a peticiones cuando queremos ser creativos. ¿Te has enfrentado alguna vez a un aterrador papel en blanco? ¿Te ha llegado la inspiración en el momento más inesperado? Si es así, ya sabes de qué estoy hablando.

En esa librería, a Herschel se le aparecieron de golpe las nueve musas y se fue corriendo a casa a estudiar.

Gracias a lo que aprendió en los libros, Herschel construyó un telescopio de casi mil aumentos y comenzó a explorar el firmamento. Le ayudaba su hermana Carolina, que era una apasionada de la astronomía; incluso descubrió varios cometas, por lo que le concedieron en 1828 la medalla de oro de la Royal Astronomical Society, y se conrvirtió así en la primera mujer en lograr este reconocimiento.

El 13 de marzo de 1781 Herschel observó con su telescopio lo que pensaba que era una estrella débil, catalogada como 34 Tauri, pero cuatro días después se dio cuenta de que algo había cambiado: la supuesta estrella estaba en otro lugar. Herschel había descubierto un planeta, el primero en miles de años. Urano está al doble de distancia del Sol que Saturno, de modo que Herschel acababa de multiplicar por dos el tamaño del sistema solar.

El planeta rojo, Marte, y las Pléyades, en la constelación de Tauro, fotografiados el 6 de marzo de 2021.

Contó su descubrimiento al rey de Inglaterra, que le pagaba un sueldo muy considerable de 200 libras anuales a cambio de que Herschel viviera en la corte y le dejara observar el firmamento a través de su telescopio, y le puso a la nueva estrella el nada original nombre de «Jorge». Esto no gustó nada al resto de los astrónomos del mundo —especialmente a los que no eran ingleses— y prevaleció el nombre con el que la conocemos actualmente, Urano, el dios griego del cielo, siguiendo la tradición de nombrar los planetas como las divinidades griegas y romanas. Con este descubrimiento Herschel alcanzó la fama inmediatamente, fue designado miembro de la Royal Astronomical Society y recibió una fuerte suma de dinero para construir más telescopios.

Pero ¡espera! ¿No habíamos dicho que Herschel pensaba que había descubierto un cometa? Efectivamente así fue al principio, pero otros astrónomos lo sacaron de su error.

El ruso Anders Johan Lexell y el alemán Johann Elert Bode demostraron que la órbita de este nuevo objeto era casi circular y que estaba más allá de Saturno, lo cual lo descartaba como cometa porque estos objetos dan vueltas alrededor del Sol con órbitas muy elípticas.

Herschel no dudó en comunicar estos hallazgos al presidente de la Royal Astronomical Society en una misiva que decía: «Según la observación de los astrónomos más eminentes de Europa parece que la nueva estrella, que yo tuve el honor de señalarles el 13 de marzo de 1781, es un planeta primario de nuestro sistema solar». Herschel siguió trabajando durante bastante tiempo en sus observaciones de Urano y no tardó en descubrir dos lunas que orbitaban el planeta. Fueron bautizadas por su hijo como Titania y Oberón en honor a la obra de Shakespeare *Sueño de una noche de verano*. En adelante, la mayoría de las lunas descubiertas recibieron nombres de personajes de Shakespeare.

En 1787 Herschel se dio cuenta de otra peculiaridad del planeta: observó que las lunas formaban un ángulo muy extraño con la eclíptica, pero no supo dar con la razón de por qué era así.

Hasta 1912 no se descubrió el motivo por el que las lunas del planeta orbitaban de ese modo tan extraño: su eje de rotación es de 98°, un valor muy diferente al del resto de los planetas del sistema solar —la Tierra, por ejemplo, tiene un ángulo de 23,5° y el de Marte es de 25°—. Todos los planetas del sistema solar giran alrededor del Sol, y lo hacen en el mismo sentido y aproximadamente en el mismo plano. Esto es debido a cómo se formó el sistema solar, pero Urano y Venus no siguen este criterio. El eje de rotación de Urano hace que literalmente vaya rodando por el sistema solar y Venus gira en el sentido contrario al resto de los planetas, pero ¿por qué pasa esto?

En realidad no existe una explicación para este fenómeno, pero la teoría más aceptada —y comprobada en el caso de la Tierra— es que durante la formación del sistema solar se produjeron grandes colisiones entre los actuales planetas y los protoplanetas que existían en ese momento.

El sistema solar tal y como lo conocemos es el resultado de una batalla épica de dimensiones astronómicas entre cuerpos celestes en formación, que pelearon por conseguir su lugar en el cosmos hasta formar el sistema solar tal y como lo conocemos ahora.

Fruto de esas colisiones los planetas tienen distintos ejes de rotación. En el caso de la Tierra, tener el eje inclinado hace posible que haya estaciones.

El descubrimiento de un nuevo planeta llamó poderosamente la atención de todos los astrónomos del mundo, que lo estudiaron a fondo durante mucho tiempo; y en 1846, fruto de su estudio, tuvo lugar un nuevo gran descubrimiento: Neptuno. Pero ¿cómo es posible descubrir un planeta a través de la observación de otro?

Los numerosos estudios de Urano desvelaron que había algo extraño en su órbita, ya que no se movía según la teoría de gravitación de Newton. Las observaciones indicaban que algo estaba perturbando su órbita y provocando que el planeta acelerase o frenase. Por supuesto, la mejor explicación para esto era que otro planeta más alejado de Urano fuera el causante de esta perturbación.

Ilustración digital de Neptuno.

El astrónomo francés Urbain Le Verrier hizo los cálculos de la masa y la posición que debería tener este objeto y mandó sus coordenadas a Berlín para que lo intentaran localizar. El 24 de septiembre de 1846, después de una hora de búsqueda, Johann Gottfried Galle lo descubrió, con tan solo un grado de desviación de la posición sugerida por Le Verrier. Le escribió una carta diciendo: «el planeta cuyo lugar habías [...] realmente existe». Efectivamente, allí estaba, tal y como la teoría había indicado. Esto es algo muy importante; ahora te contaré por qué.

Quizá pienses: «Vale, ya tenemos a Neptuno, pero aquí falta algo. ¿Qué pasa con Plutón? ¿Se encontró de la misma forma?». Pues sí. Este descubrimiento no solo validó de nuevo las leyes de Newton y el modelo heliocéntrico, sino que fue extensamente usado para encontrar nuevos planetas y cuerpos celestes. De hecho sigue utilizándose hoy.

Esta fue una de las primeras veces en la historia de la ciencia en la que, a través de las matemáticas y la física, pudimos encontrar algo que pensábamos que existía en la realidad. Los números, las fórmulas matemáticas y las teorías no solo sirven para validar la realidad de nuestro universo, sino que sirven para algo incluso más importante: para predecirlo.

A menudo escuchamos teorías sorprendentes o que suenan fantasiosas, como la teoría de cuerdas, el bosón de Higgs o la inflación cósmica. Pero ¿cuántas de estas teorías se han confirmado en el pasado? ¿Cuántas se confirmarán en el futuro? No debemos tener miedo a las teorías, y mucho menos a teorizar. Muchas veces leo comentarios o mensajes del tipo: «Doc, pero esto solo es una teoría, ¿no?». Y es cierto, son solo teorías. Aunque una teoría nos puede abrir la puerta a una nueva realidad o, por el contrario, si comprobamos que la puerta está cerrada, puede indicarnos qué paso es el siguiente que debemos seguir en el camino de la ciencia.

La luz siempre ha intrigado a todos los científicos. Su naturaleza es extraña y romántica a la vez, pero lo que más llamaba la atención era su velocidad de propagación, aparentemente infinita. No fue hasta el siglo XVII cuando, accidentalmente, se descubrió que su velocidad era finita y medible, un descubrimiento que nos abrió las puertas a un conocimiento mucho más extenso.

Capítulo 7

A la velocidad de la luz

Hoy en día sabemos que
la velocidad de la luz es
299.792,458 m/s,
y lo sabemos con tanta
exactitud que desde 1983
usamos la velocidad de la luz
para definir cuánto es un metro
con total precisión.
Sin embargo, no siempre
fue así.

Quizá pueda parecerte que esta velocidad es asombrosa e instantánea, pero no lo es. Como hemos visto anteriormente, en un segundo la luz da 7,5 veces la vuelta a la Tierra, y esta velocidad es más que suficiente para que a nuestra escala planetaria tengamos, por ejemplo, comunicaciones en tiempo real y la luz nos parezca instantánea, si bien en la escala del universo se trata de una velocidad más bien lenta.

Durante mucho tiempo los físicos no se pusieron de acuerdo sobre si la velocidad de la luz era finita o infinita. Sin los instrumentos adecuados —ni la física suficientemente desarrollada— y teniendo al alcance solo herramientas meramente observacionales, era algo demasiado complejo de determinar.

En realidad, es algo que ha pasado desde siempre en la ciencia. ¿Te acuerdas de nuestro amigo Isaac Newton y la conservación del movimiento? ¿O de Galileo Galilei y el modelo heliocéntrico?

El caso es que a día de hoy esto sigue pasando y tenemos un buen puñado de teorías e hipótesis que no podemos corroborar y que quizá algún día puedan ser demostradas... pero pongamos los pies en la tierra —nunca mejor dicho— y volvamos a la velocidad de la luz.

A lo largo de la historia hubo multitud de experimentos que intentaron demostrar que la luz era finita o infinita, según la percepción del científico que planteaba el experimento.

Ilustración digital de Júpiter e Ío.

Uno de los más conocidos fue el experimento de las dos lámparas de Galileo, que colocó dos luminarias tapadas con una tela a 1 milla de distancia y trató de medir —sin mucho éxito— la velocidad a la que se propagaba la luz. Su conclusión fue que «si no es instantánea, es extraordinariamente rápida».

Hoy sabemos que su experimento tenía demasiadas lagunas para extrapolar alguna conclusión acertada. Pero sus investigaciones dieron lugar a la primera medición más o menos precisa, y esto es debido a que descubrió que Júpiter tenía lunas.

Júpiter tiene una luna llamada Ío que tarda 42,5 horas en dar una vuelta al planeta. Los astrónomos observaban cómo el satélite se ocultaba detrás del planeta y aparecía de nuevo unas horas después. Lo curioso es que, dependiendo de la época del año, tardaba en hacerlo un poco más o un poco menos. ¿Por qué podría ser? Al principio pensaron que quizá la órbita de esta luna podría cambiar dependiendo de la época del año en la Tierra, pero esta posibilidad fue pronto descartada.

Ole Rømer, un famoso astrónomo danés, hizo una observación brillante: lo que influía era la órbita de la Tierra alrededor del Sol. Cuando la Tierra estaba más cerca de Júpiter, Ío emergía antes; sin embargo, cuando la Tierra se encontraba más alejada emergía más tarde.

Obviamente la gravedad de nuestro planeta no podía influir demasiado en una luna que estaba a 628 millones de kilómetros de distancia, así que no quedaba otra opción que pensar que la velocidad de la luz fuera finita, y que esa diferencia estuviera causada por el tiempo que tardaba en llegar desde Ío hasta nosotros.

En 1676 Rømer llegó a la conclusión de que la velocidad de la luz era de 214.000 km/s. ¡Nada mal para la época!

Después de esta primera medición muchos científicos hicieron diferentes aproximaciones, pero no fue hasta 1983 cuando se logró medir con exactitud su velocidad.

Una de las consecuencias más sorprendentes de que la velocidad de la luz sea finita es que nos permite ver el pasado cuando miramos las estrellas.

Andrómeda está a 2,537 millones de años luz. Cuando la observamos, realmente estamos viendo cómo era hace millones de años. Si desapareciese, no tendríamos forma de saberlo hasta dentro de millones de años.

Ilustración digital de Andrómeda.

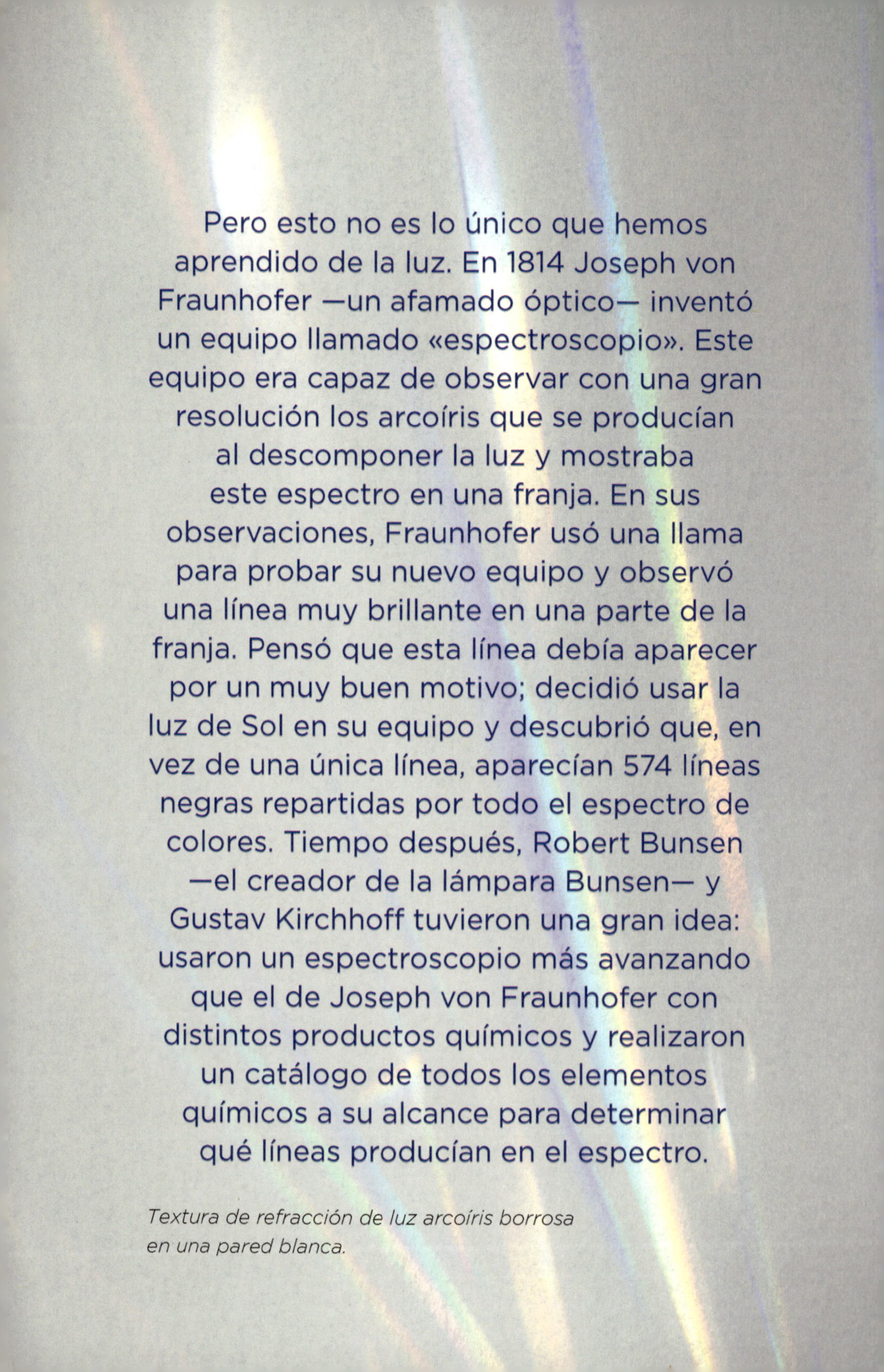

Pero esto no es lo único que hemos aprendido de la luz. En 1814 Joseph von Fraunhofer —un afamado óptico— inventó un equipo llamado «espectroscopio». Este equipo era capaz de observar con una gran resolución los arcoíris que se producían al descomponer la luz y mostraba este espectro en una franja. En sus observaciones, Fraunhofer usó una llama para probar su nuevo equipo y observó una línea muy brillante en una parte de la franja. Pensó que esta línea debía aparecer por un muy buen motivo; decidió usar la luz de Sol en su equipo y descubrió que, en vez de una única línea, aparecían 574 líneas negras repartidas por todo el espectro de colores. Tiempo después, Robert Bunsen —el creador de la lámpara Bunsen— y Gustav Kirchhoff tuvieron una gran idea: usaron un espectroscopio más avanzando que el de Joseph von Fraunhofer con distintos productos químicos y realizaron un catálogo de todos los elementos químicos a su alcance para determinar qué líneas producían en el espectro.

Textura de refracción de luz arcoíris borrosa en una pared blanca.

La idea era que, si podían encontrar todas las coincidencias con las producidas por el Sol, sabrían su composición química, y estaban en lo cierto: a partir de sus estudios pudimos determinar que el Sol está compuesto en un 90% por hidrógeno y en un 10% por helio, con algún que otro elemento pesado.

Pero ¿por qué ocurre esto? La radiación electromagnética interactúa con las partículas bariónicas, lo que nos ofrece una especie de código oculto en la luz. Cada elemento químico absorbe pequeñas zonas del espectro de luz visible, que provocan estas líneas espectrales que los científicos observaron en sus rudimentarios equipos. Este método nos ha permitido conocer la composición de nuestro Sol, de las atmósferas de los planetas e incluso de las galaxias.

Estudiar la atmósfera de un planeta es bastante más complejo que estudiar la de una estrella, y esto es debido a que solo podemos hacerlo cuando el planeta está entre una estrella y la Tierra, porque necesitamos la luz de su estrella para que llegue hasta nosotros después de haber atravesado su atmósfera.

La luz nos sirve para saber de qué están hechas las estrellas y nos permite encontrar exoplanetas. Como los planetas no emiten luz, son muy difíciles de localizar en el universo. El método de tránsito es uno de los más efectivos para localizarlos. Así hemos encontrado casi el 75% de los exoplanetas detectados, pero aun así solo permite encontrar uno de cada mil.

¿Cómo es posible detectar planetas a miles de años luz? Cuando uno de ellos pasa por delante de una estrella hace que su brillo disminuya y vuelva a aumentar. Si observamos que esto se produce periódicamente, estamos ante un exoplaneta que la orbita. Según la cantidad de luz que bloquee, y sabiendo el tamaño de la estrella, podemos calcular su tamaño.

Método de tránsito.

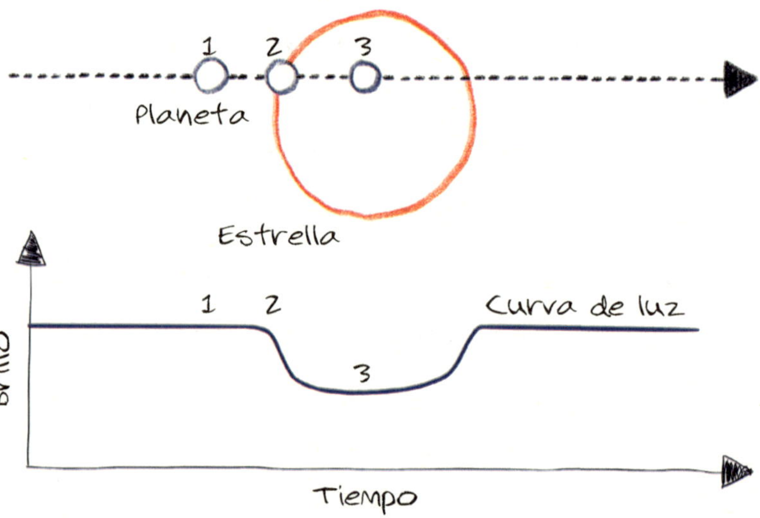

Pero este no es el único método de detección que tenemos a nuestra disposición; existen muchos más, y uno de los más usados se lo debemos a Joseph von Fraunhofer y a su espectroscopio: la espectroscopía Doppler. Antes de abordarlo y poder entender cómo analizando la luz podemos detectar exoplanetas, debemos entender otro de estos métodos. Cuando un planeta da vueltas a su estrella, como también tiene masa, atrae a esta y la hace oscilar; es lo que se conoce como «bamboleo». Ambos cuerpos celestes giran en torno a un punto común que se llama «baricentro».

Baricentro del Sol y Júpiter.

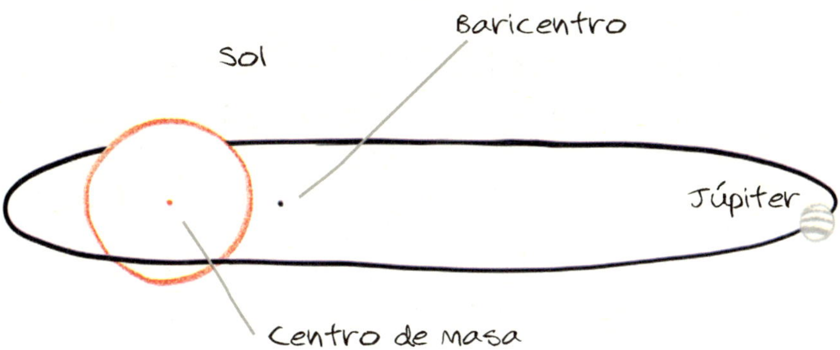

Cuanto más cerca esté el planeta de su estrella, mayor será la oscilación que aquel produce en esta. Si observamos que una estrella oscila es porque tiene un planeta orbitándola, y cuanto mayor sea esta oscilación, más grande será dicho planeta. A este método lo llamamos «astrometría».

Pero volvamos a la espectroscopía Doppler. El problema de la astrometría es que la oscilación de una estrella no suele ser muy grande, porque normalmente son muchísimo más masivas que los planetas que la orbitan. Pero ¿recuerdas qué ocurre si pasas la luz de una estrella a través de un espectrómetro? La luz se dispersa en todos los colores del arcoíris y crea unas líneas negras en el espectro.

Ahora imagina que la luz que emite esta estrella es una sucesión de pulsos de luz.

El efecto Doppler ocurre cuando la fuente que genera las ondas se mueve (imagina una ambulancia que circula a gran velocidad y cómo percibimos que cambia su sonido al hacerlo).

Si la estrella se mueve hacia nosotros, los pulsos se juntan y, si se aleja de nosotros, los pulsos se separan. Cuando estos movimientos ocurren, sus líneas espectrales se mueven hacia el lado azul o el lado rojo del espectro. Cuanto más rápido oscile la estrella, más rápido se moverán sus líneas, por lo que podremos encontrar el baricentro con su planeta y deducir su masa.

Combinando estos métodos podemos conocer muchos parámetros de un exoplaneta: con el método de tránsito podemos determinar cómo de rápido se mueve, cuán lejos está de su estrella y cómo es de grande. Si añadimos la espectroscopía Doppler, además podemos determinar su masa, con lo que es posible tratar de averiguar la composición del mismo.

En una época en que la mayoría de los científicos pensaba que el universo era estático e inmutable, preguntarse si tuvo un principio o si tendría un final era una cuestión que simplemente no tenía sentido. No fue hasta 1929 cuando Hubble estableció que las galaxias se alejan unas de otras a una velocidad proporcional a su distancia, sentando las bases de la teoría del Big Bang.

Capítulo 8

Un universo en expansión

Hubble tenía una teoría.
Había cierta clase de estrellas que, cuando eran medidas, presentaban siempre la misma luminosidad.
Si pudiéramos encontrar estrellas similares en otras galaxias, podríamos pensar que igualmente tendrían la misma luminosidad, y esto nos permitiría calcular la distancia a dichas galaxias.
Con esta premisa, Hubble calculó la distancia a varias de ellas.

Un universo en expansión

Ya hemos visto que es posible calcular la distancia a una estrella, su composición y su masa. Esto es relativamente fácil cuando las estrellas están cerca, pero casi todas las estrellas están muy lejos, y es aquí cuando las cosas se complican.

Si conocemos la distancia a una estrella cercana y su brillo aparente, podemos calcular su luminosidad de un modo relativamente sencillo. Pero si las estrellas están tan lejos, ¿cómo podemos saber su tamaño? Es algo realmente complejo pero, por suerte, en este punto contamos de nuevo con la ayuda de Fraunhofer y sus descubrimientos con el espectroscopio. Como hemos visto, podemos usar la luz para determinar la temperatura y otras características de una estrella. Usando esta técnica, estuvimos observando el firmamento durante mucho tiempo y percibimos algo realmente curioso: en las galaxias que estaban más alejadas de nosotros había las mismas marcas negras que en nuestra galaxia, pero estas líneas estaban desplazadas hacia la zona roja del espectro, y además lo hacían en una cantidad que seguía un patrón en dicho desplazamiento. ¿Recuerdas el efecto Doppler? Esto confirmó que vivimos en un universo en expansión, pero vayamos paso a paso para poder entender cómo llegamos a esta conclusión.

En realidad, determinar que el universo está en expansión tampoco es algo tan complicado; el problema es que el universo estático era una creencia tan arraigada en la comunidad científica que pocos se plantearon que existiera otra posibilidad.

Tanto es así que Albert Einstein introdujo en 1917 la constante cosmológica —denominada habitualmente «lambda»— en su teoría de la relatividad general, porque estaba muy seguro de este hecho y esta era la única forma de conseguir una solución que diera como resultado un universo estático. Pero ¿qué es esta constante cosmológica? Es una especie de «antigravedad» que no procede de ninguna fuente, sino que está incorporada en el espacio-tiempo. Esta constante aporta al espacio-tiempo una tendencia natural a expandirse y, al introducirla en los cálculos, estos dan como resultado un universo estático.

El matemático ruso Alexander Friedmann, sin embargo, no estaba de acuerdo con que el universo fuera estático, así que propuso dos hipótesis: una era que el universo parece igual en cualquier dirección en la que miremos, y otra, que esto sería cierto si observásemos el universo desde cualquier otro lugar.

La hipótesis de Friedmann parecía cierta, ya que si observamos las galaxias más lejanas parece que el universo es muy similar en cuanto a la cantidad de estrellas que observamos miremos donde miremos —tanto es así que este simple argumento justificó la hipótesis de Friedmann durante años—. Basándose en estos dos argumentos y en la relatividad general, este científico predijo lo que años más tarde confirmaríamos: la expansión del universo.

Presentó sus resultados a Einstein, que los descartó, ya que para él el universo era algo estático y eterno, y le dijo a Friedmann que, pese a que sus cálculos eran correctos, no tenían un significado físico. Por desgracia, Friedmann nunca supo que tenía razón porque pocos años después murió.

Unos años más tarde el sacerdote belga Georges Lemaître repitió los cálculos de Friedmann y llegó a la misma conclusión, solo que esta vez contaba con algo más de información.

El astrónomo Slipher había detectado que las galaxias que están más lejos de nosotros presentaban un color más rojo que el que se supone que deberían tener, así que sospechó que las galaxias se estaban alejando de nosotros. Si esto era así, sería porque el espacio entre nosotros y las galaxias se estaba expandiendo. Lemaître prosiguió con sus cálculos; determinó cuánto corrimiento había en una galaxia a una determinada distancia, interpoló sus resultados para calcular este valor para galaxias que estuvieran al doble de distancia y obtuvo un resultado sorprendente: tendría el doble de corrimiento, con lo que estaría alejándose de nosotros al doble de velocidad.

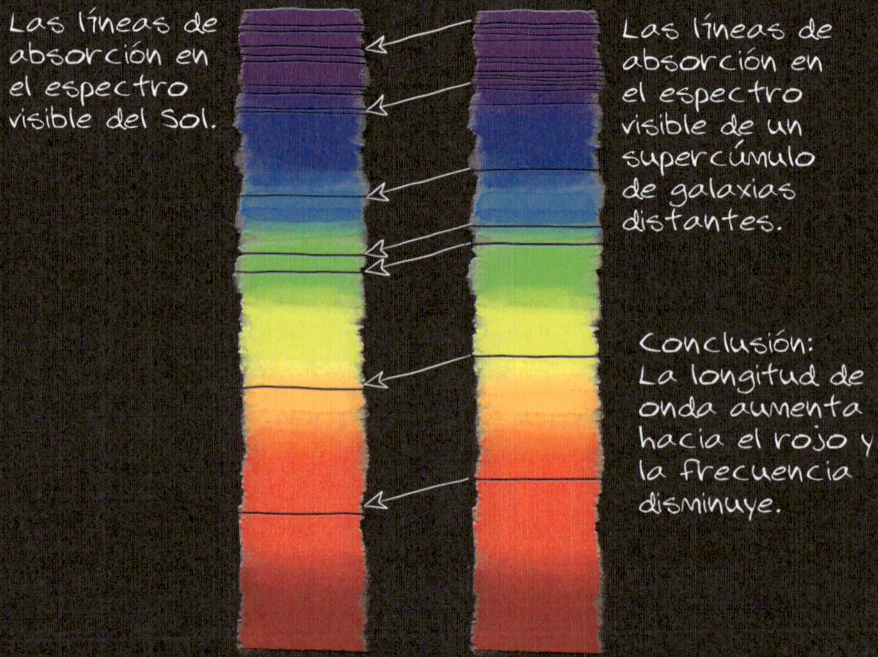

El artículo que Lemaître publicó en 1927 no tuvo mucha repercusión, pero él, convencido de la importancia de su descubrimiento, decidió hablar con Einstein personalmente. Lemaître le mostró todos estos datos ese mismo año durante el quinto congreso Solvay, un evento donde las mentes más brillantes discutieron la nueva física cuántica.

Lemaître abordó a Einstein y le preguntó sobre la expansión del universo. A pesar de que las conclusiones que le presentó se basaban en observaciones, Einstein dijo: «He leído su artículo. Sus cálculos son correctos, pero su física es abominable».

Lemaître no desistió en su empeño y trató por todos los medios de convencer a Einstein. En una ocasión un profesor llamado Piccard, que estaba enseñando a Einstein su laboratorio en la universidad, invitó a Lemaître a subirse a un taxi con ellos. Durante el viaje Lemaître le estuvo hablando de la velocidad de las galaxias y de la relación que esta tenía con la expansión del universo, pero Einstein no estaba al corriente de estos datos y cuenta la historia que se produjo un momento muy tenso entre los dos (en estos momentos estoy pensando qué maravilloso habría sido para cualquier aficionado a la física haber sido ese taxista).

Durante años hubo un tira y afloja entre estos dos grandes científicos, pero sus relaciones mejoraron poco a poco. Los reyes de Bélgica se interesaron por el trabajo de Lemaître y le invitaron a la corte para saber más sobre sus estudios. Einstein, que también visitaba este país todos los años para ver a Lorentz y a Willem de Sitter, fue invitado en 1929 por la reina Isabel de Bélgica —que también era alemana como él— y pronto entabló amistad con los monarcas.

En una ocasión el rey le preguntó a Einstein sobre la teoría de la expansión del universo y le habló de Lemaître, y pudo notar que Einstein se sentía incómodo con la pregunta. Más tarde, en 1930, se produjo otro encuentro de Einstein con esta teoría cuando en una ceremonia en Cambridge se encontró con Eddington, un científico británico, quien le habló nuevamente de Lemaître y defendió su teoría.

Einstein estaba cada vez más acorralado, aunque seguía defendiendo vehementemente que el universo era estático.

Tres años más tarde volvieron a coincidir, esta vez invitados por el físico Robert Millikan —que dirigía el Instituto de Tecnología de California— en un seminario sobre rayos cósmicos en enero de 1933. En esta ocasión Einstein se mostró muy amable con Lemaître; le felicitó públicamente por su exposición y se fueron a discutir juntos sus puntos de vista. Einstein admitió en ese momento que el universo está en expansión, aunque no estaba de acuerdo con la teoría del átomo primitivo.

Ese mismo año Einstein renunció a la nacionalidad alemana y dimitió de sus puestos en la Academia de Ciencias y en la Universidad de Berlín debido a la persecución que sufría por ser judío, y permaneció varios meses en Bélgica. Durante este tiempo Lemaître le visitó y prepararon varios seminarios. En uno de ellos, por sorpresa para todo el mundo, Einstein anunció que la siguiente conferencia la daría Lemaître porque tenía cosas muy interesantes que contar. Me imagino la cara de asombro de este cuando escuchó estas palabras.

Lemaître estuvo preparando durante una semana sin descanso su seminario, que finalmente tuvo lugar el 17 de mayo; durante su exposición Einstein le interrumpió con entusiasmo varias veces, y llegó a afirmar que Lemaître era la persona que mejor había entendido su teoría de la relatividad.

En ese momento de la historia, nuestro conocimiento nos decía que las galaxias se movían de forma aleatoria por el universo.

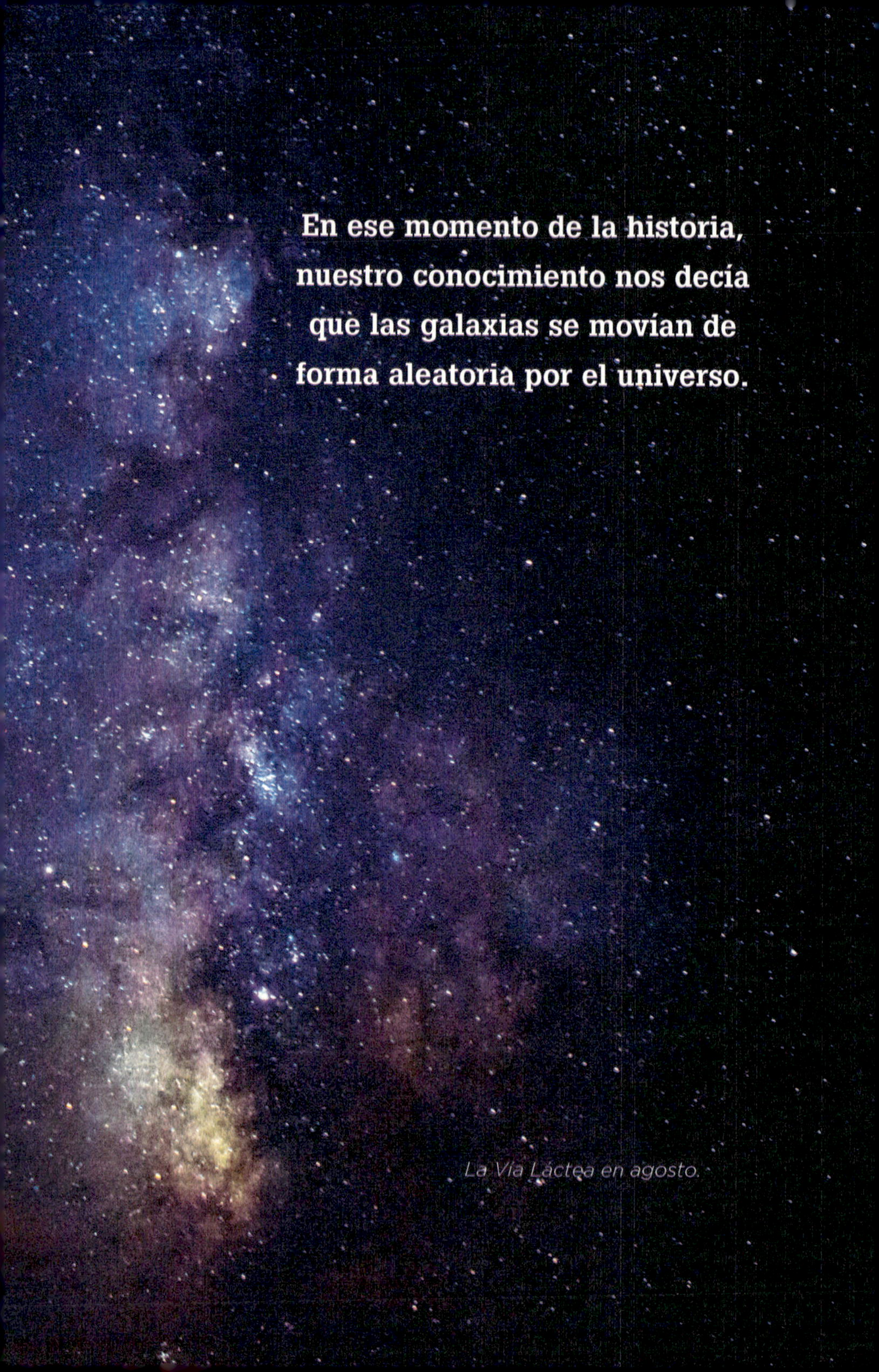

La Vía Láctea en agosto.

Astrónomos de todo el mundo siguieron observando galaxias y llegaron a la misma conclusión: estas desplazaban su espectro hacia el rojo, cuando lo lógico sería pensar que habría unas que estarían alejándose de nosotros —tirando hacia el rojo— y otras acercándose a nosotros —tirando hacia el azul—. Además Hubble descubrió que su corrimiento hacia el rojo no era aleatorio, sino que era directamente proporcional a su distancia hacia nosotros. El universo se estaba expandiendo. Después de esto la comunidad científica reconoció los descubrimientos de Friedmann y Lemaître, los padres de la cosmología moderna.

Pero ¿por qué se produce este corrimiento hacia el rojo?

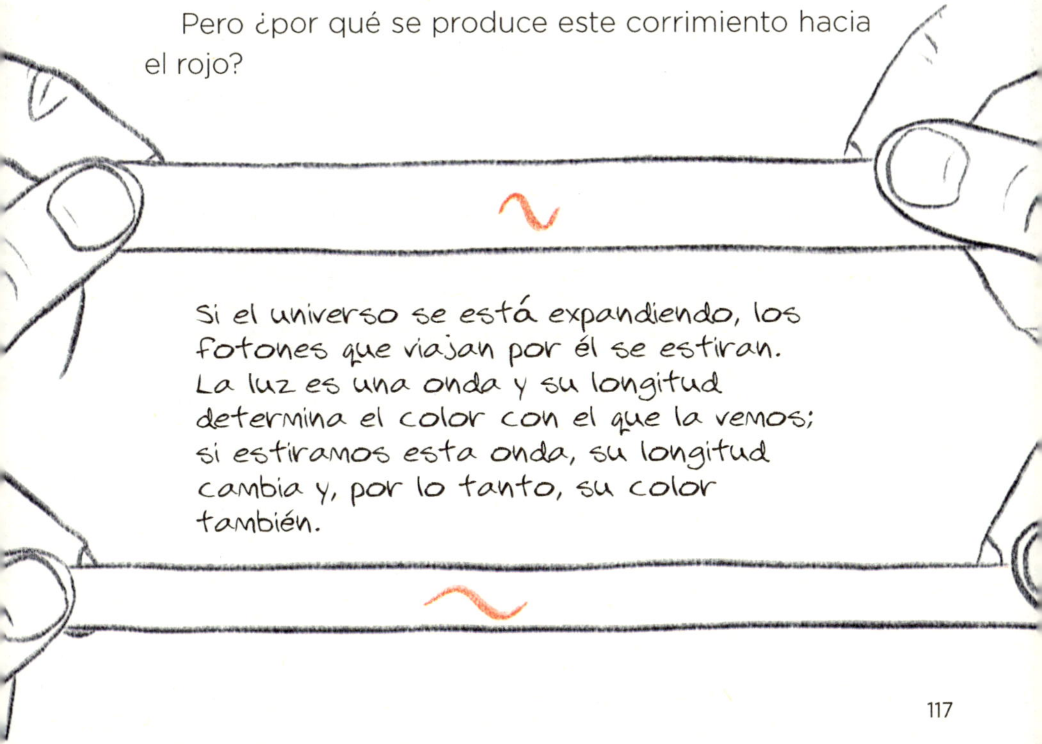

La materia, el espacio, el tiempo: todo comenzó en un momento. A pesar de su nombre, no debemos pensar en el Big Bang como en una gran explosión, sino como en un proceso en el que, partiendo de una singularidad, nació el universo tal y como lo conocemos, aunque en un principio fuera muy distinto de lo que vemos hoy en día.

Capítulo 9

La teoría del Big Bang

Desde siempre nos hemos preguntado por el origen del universo, y desde luego no han faltado teorías al respecto —algunas más plausibles que otras, por cierto—, pero el hecho es que este es, quizá, uno de los mayores enigmas del ser humano a lo largo de la historia. ¿Estamos solos en el universo?

La teoría del Big Bang

No hemos tenido ni el conocimiento ni las herramientas para desarrollar un modelo que diese respuesta a esta cuestión. La teoría del Big Bang es —por ahora— la explicación que más se acerca a lo que muchos científicos piensan que podría ser la respuesta. Una teoría que es refrendada por incontables observaciones y cálculos por un lado, pero que por otro presenta grandes incógnitas y plantea nuevas preguntas.

Antes de explicar esta teoría es necesario aportar algo de contexto. Lemaître observó que el espacio entre nosotros y las galaxias se estaba expandiendo, por lo que veríamos que las galaxias se alejan de nosotros; y, lo que es incluso más importante, si esta expansión se estaba produciendo, habría un momento en el que esta distancia sería muy pequeña —ya que esto ocurrió muy atrás en el tiempo—, con lo que el universo necesariamente habría tenido un comienzo. Así es como nació la teoría del Big Bang.

La teoría del Big Bang es una de las más avaladas por evidencias científicas.

El nombre «Big Bang» nos lleva a pensar en una explosión; al fin y al cabo *big bang* significa «gran explosión». Esta denominación fue acuñada por Fred Hoyle, un astrónomo que le puso este nombre a modo de burla en un programa de radio de la BBC, ya que se oponía a esta teoría, aunque el nombre gustó tanto que fue adoptado por la comunidad científica. El caso es que no debemos pensar en una gran explosión, sino en una gran expansión.

Hace 13.770 millones de años, antes de que existiese todo lo que conocemos, incluidos el espacio y el tiempo, toda la energía del universo estaba concentrada en un punto más pequeño que la cabeza de un alfiler, a una temperatura que Edwin Hubble estimó en un quintillón de grados Celsius, y esa energía se liberó repentinamente.

Durante el primer segundo del Big Bang se crearon la materia y la antimateria, las fuerzas fundamentales del universo: gravedad, electromagnetismo, fuerza nuclear fuerte y fuerza nuclear débil.

Unos tres minutos después, la temperatura había bajado lo suficiente —a 1.000 millones de grados— para que se crearan los electrones, protones y neutrones, y se comenzaran a crear los primeros elementos —hidrógeno, helio y litio—. Este proceso duró 17 minutos, y durante unos 300.000 años el universo estuvo formado únicamente por un plasma tan denso y opaco que no dejaba pasar la luz. Pasado este tiempo, la temperatura del universo había bajado hasta aproximadamente la temperatura del Sol, los fotones empezaron a viajar libremente y comenzaron a formarse las estrellas y los planetas.

Evolución del universo.

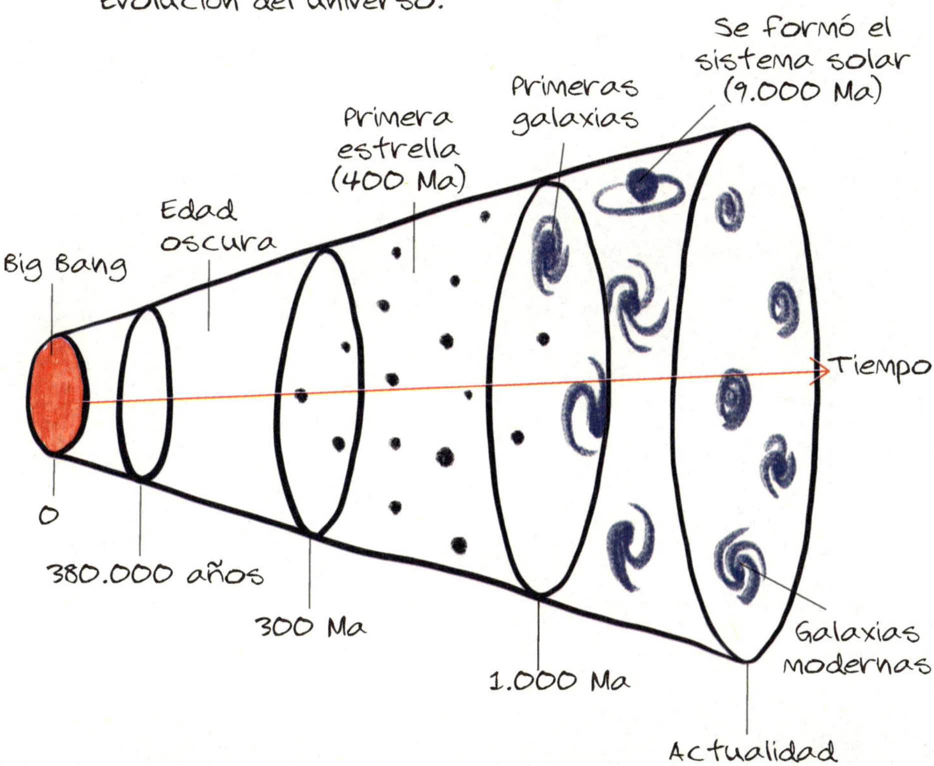

En 1965 Penzias y Wilson trabajaban en los laboratorios Bell en un detector de microondas que permitiría comunicar la Tierra con los satélites artificiales, cuando comenzaron a encontrar problemas. La señal que llegaba contenía gran cantidad de ruido, y no era un ruido que llegase de una dirección concreta, sino que parecía provenir de todas direcciones.

Lo primero que pensaron fue que la antena debía de estar sucia y la revisaron para descartar el problema. Luego pensaron que quizá la atmósfera podría estar interfiriendo de alguna forma con la señal, y la orientaron primero verticalmente y luego horizontalmente; la cantidad de ruido seguía siendo constante —a pesar de que en horizontal la señal debe atravesar más atmósfera que en vertical—, con lo que descartaron también la atmósfera. Luego descartaron el ciclo día-noche y la distancia con el Sol, con lo que solo quedaba una posibilidad: ese ruido provenía de fuera del sistema solar.

Esta radiación solo podía provenir de un sitio: del Big Bang.

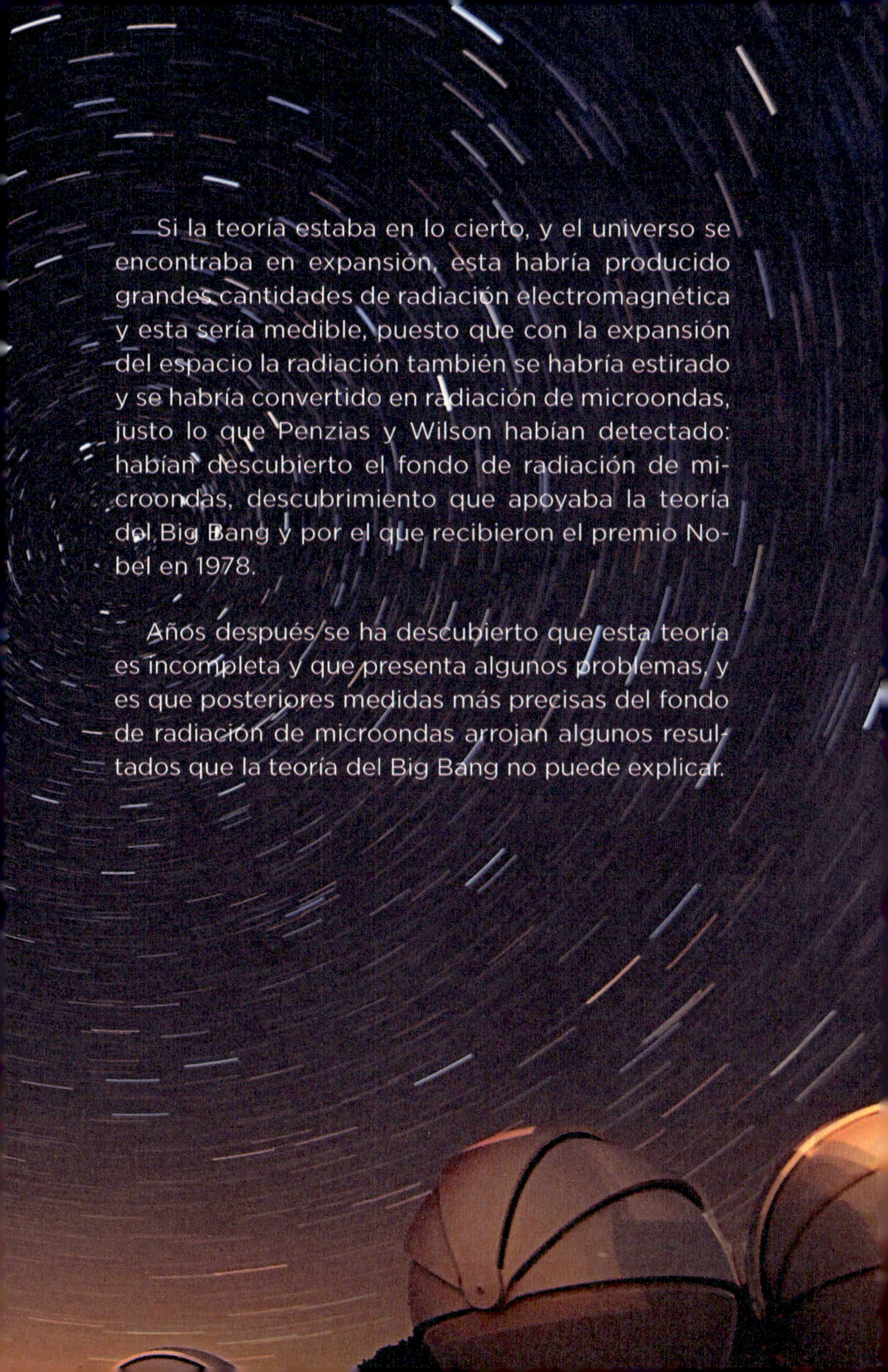

Si la teoría estaba en lo cierto, y el universo se encontraba en expansión, esta habría producido grandes cantidades de radiación electromagnética y esta sería medible, puesto que con la expansión del espacio la radiación también se habría estirado y se habría convertido en radiación de microondas, justo lo que Penzias y Wilson habían detectado: habían descubierto el fondo de radiación de microondas, descubrimiento que apoyaba la teoría del Big Bang y por el que recibieron el premio Nobel en 1978.

Años después se ha descubierto que esta teoría es incompleta y que presenta algunos problemas, y es que posteriores medidas más precisas del fondo de radiación de microondas arrojan algunos resultados que la teoría del Big Bang no puede explicar.

El primero es el problema del horizonte: el fondo de fotones es demasiado uniforme, y parece muy extraño que, estando tan alejadas unas regiones de otras, presenten una temperatura tan similar.

El segundo es el problema de planitud: las medidas del fondo cósmico de microondas muestran que el universo es prácticamente plano. El universo podría adoptar muchas formas y, entre todas ellas, la más complicada es un plano, porque para que esto fuera así la cantidad de materia y energía del universo debería coincidir con la densidad crítica. La expansión del universo tendría efectos sobre la curvatura del mismo y cualquier desviación de la densidad sobre la densidad crítica significaría una curvatura exponencial. Hemos comprobado mediante observaciones que el universo no tiene esta curvatura.

El tercero es que el universo es muy uniforme, pero no perfectamente uniforme, porque si fuera así no se habrían creado galaxias, estrellas o planetas. Estas no uniformidades que han creado todo lo que conocemos están presentes en el fondo de radiación de microondas, pero la teoría del Big Bang no justifica qué las creó y en qué momento el universo pasó de ser totalmente uniforme a tener estas estructuras.

En 1980 el estadounidense Alan Guth propuso la inflación cósmica, también conocida como «hipótesis del universo inflacionario». Según esta hipótesis, en la primera etapa de inflación el universo se expandió a un ritmo increíblemente grande, y de una forma tan violenta que la mayor parte de las no uniformidades que dieron lugar a las estructuras del universo desaparecieron, quedando solo las que hemos podido observar. La idea parece simple pero está avalada por un modelo muy detallado. Esta inflación tiene de particular que el tiempo en el que se produjo es muy pequeño y el resultado es muy grande.

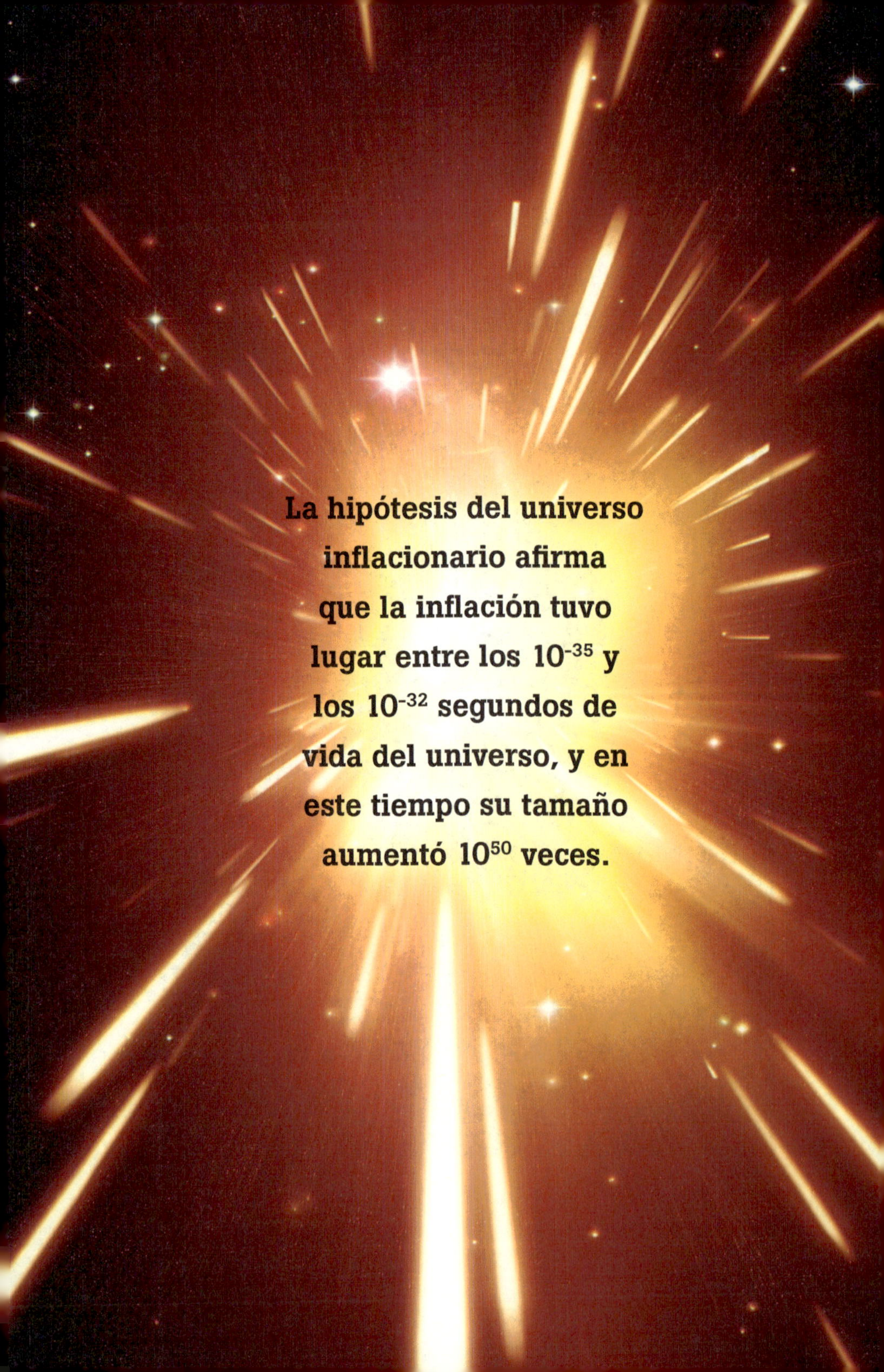
La hipótesis del universo inflacionario afirma que la inflación tuvo lugar entre los 10^{-35} y los 10^{-32} segundos de vida del universo, y en este tiempo su tamaño aumentó 10^{50} veces.

Esta hipótesis es muy interesante, porque complementa la teoría del Big Bang y elimina los tres problemas mencionados, pero requiere evidencia científica, algo muy complicado a día de hoy. Una de las predicciones de la inflación cósmica es que esta expansión habría producido ondas gravitatorias que podrían ser detectadas en la actualidad, pero el problema es que la detección directa de estas ondas hoy no es posible, aunque sí de forma indirecta.

Las ondas gravitatorias producen efectos muy difíciles de observar, aunque esto es más factible que observar directamente las ondas. Uno de los métodos está relacionado con la polarización de la radiación electromagnética, pero ¿qué es esto?

La luz, al igual que cualquier onda electromagnética, no es más que la oscilación del campo electromagnético. Aprovechando este hecho y una propiedad muy curiosa del campo magnético, es posible hacer un pequeño truco: el campo eléctrico y el magnético oscilan perpendicularmente miles de veces por segundo.

La luz del Sol no está polarizada, así que ambas componentes oscilan en todas las direcciones posibles, aunque siempre perpendiculares a la dirección en la que se propagan. Sin embargo, cuando la onda electromagnética está polarizada y su frecuencia de oscilación está en el espectro visible, hablamos de «luz polarizada».

Polarización de la luz visible.

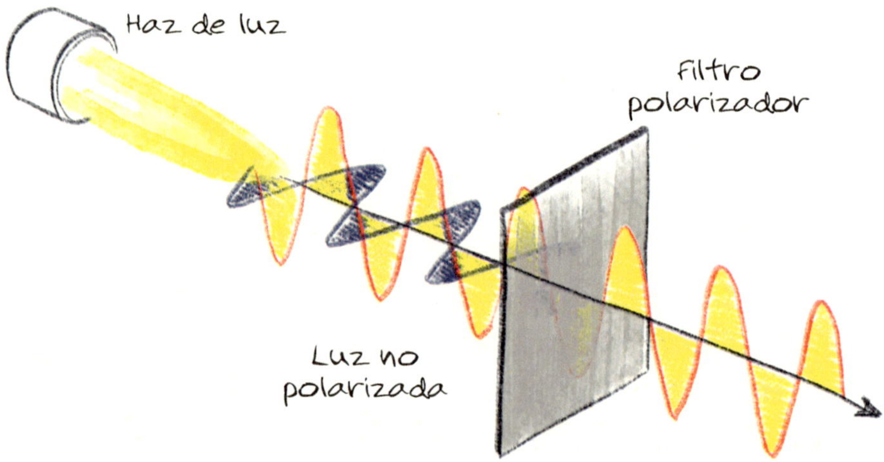

Una onda electromagnética está compuesta de una onda eléctrica y otra magnética, y ambas son transversales a la dirección en la que se propagan. La polarización se produce cuando la onda electromagnética oscila en una dirección.

En una onda electromagnética de una estrella no hay direcciones predeterminadas, es decir, la onda no está polarizada. El hecho es que, cuando una onda electromagnética atraviesa un campo gravitatorio, se ve afectada por la gravedad, ya que la presencia de masa deforma el espacio-tiempo a su alrededor.

Cuando una onda se acerca a un campo gravitatorio, su frecuencia aumenta, y disminuye de nuevo cuando se aleja de esta; además, la onda curva su trayectoria, lo que hace que las galaxias lejanas funcionen como lentes gravitatorias y modifiquen la trayectoria de la luz cuando pasa cerca de ellas.

Usando esta propiedad, los científicos se plantearon lo siguiente: si el universo primigenio era muy homogéneo, quizá sería posible detectar la polarización de la radiación de fondo de microondas, ya que en las zonas más densas el campo gravitatorio sería más intenso que en las zonas menos densas, por lo que sería factible encontrar una relación entre la frecuencia y la dirección de polarización de la radiación.

Los científicos llegaron a la conclusión de que esta polarización detectada no puede haber sido producida por nada que no sea la inflación cósmica, lo que confirma la hipótesis inflacionaria.

Llevamos casi un siglo tratando de averiguar por qué gran parte de la sustancia gravitacional que hemos medido en el espacio proviene de algo que no interactúa con nuestra materia o energía. Casi el 85% del universo está formado por este algo misterioso que simplemente no somos capaces de entender.

Capítulo 10

La materia oscura

En 1937 el astrofísico
Fritz Zwicky —profesor del
Instituto Tecnológico de
California durante más
de 40 años— estudió el
movimiento de las galaxias
más allá de la Vía Láctea.
A unos 300 millones de años
luz se encuentra el cúmulo
de Coma, formado por
aproximadamente
mil galaxias.

El cúmulo de Coma es muy grande y además está muy aislado del resto, lo que lo hace ideal para estudiar los movimientos de las galaxias que lo forman. Zwicky trazó el movimiento de unas cuantas de estas galaxias para mapear el campo de gravedad de todo el cúmulo y descubrió algo muy extraño: la velocidad media era particularmente alta.

Para que una galaxia se mueva es necesaria la gravedad y, como sabemos, esta es una manifestación de la presencia de masa, así que este astrónomo dedujo que la masa de este cúmulo era descomunal. Coma es uno de los cúmulos más grandes que hemos observado en el universo pero, a pesar de su descomunal tamaño, no tiene tanta masa como para poder justificar estas velocidades tan altas. En física todo cuerpo tiene una velocidad de escape. Superar esta velocidad supone abandonar la gravedad que ata un cuerpo a otro.

Esta velocidad de escape es, por ejemplo, la que debemos superar para poner en órbita un cohete y en el caso de la Tierra es de 11,19 km/s —o 40.280 km/h—. Esta velocidad de escape se deriva de la siguiente fórmula, donde G es la constante de gravitación universal, M es la masa del sistema masivo y r es la distancia que separa los centros de masa de ambos.

$$v_e = \sqrt{\frac{2GM}{r}}$$

No hay que confundir este valor con la velocidad necesaria para despegar, ya que es un error muy frecuente. La velocidad de escape es la velocidad necesaria del cuerpo una vez en el espacio para iniciar el viaje.

Pero volvamos de nuevo a nuestro cúmulo. Las galaxias que lo forman se mueven a una velocidad mayor que la de escape, con lo que estas galaxias deberían haberse alejado las unas de las otras y el cúmulo no existir en unos cientos de millones de años; sin embargo, las observaciones indican que este cúmulo es casi tan antiguo como el propio universo —actualmente estimamos su edad en 10.000 millones de años—. Hemos observado este comportamiento en decenas de cúmulos más.

Los científicos piensan que debe existir algo que no podemos ver pero que está ahí y que provoca este fenómeno. A este algo lo llamamos «materia oscura».

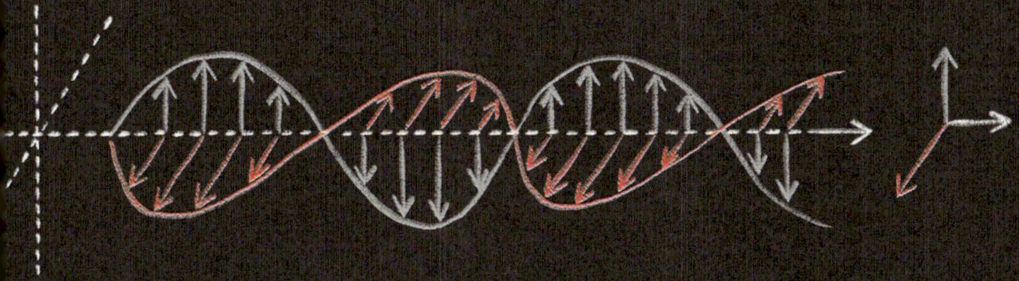

Onda electromagnética con polarización lineal.

Pero ¿qué es exactamente la materia oscura? La respuesta es tan sencilla como desilusionante: simplemente no lo sabemos, pero lo que sí tenemos claro son sus propiedades.

La materia oscura interacciona gravitatoriamente —es decir, que pesa—, no interacciona con la luz —de ahí el apelativo de «oscura»— y es neutra, lo que quiere decir que no tiene carga eléctrica.

En este punto quizá pienses que es muy atrevido por parte de la ciencia afirmar que existe un tipo de materia que no podemos ver porque los cálculos no cuadren. Sería plausible pensar que la explicación más sencilla a la existencia de esta materia misteriosa que nadie puede ver sea simplemente que hay algún error en estos cálculos, pero el hecho es que este es uno de los muchos métodos que hemos utilizado para tratar de verificar la existencia de la materia oscura, y todos apuntan en la misma dirección.

Uno de los más populares es calcular el peso de una galaxia contando las estrellas y calculando el peso de su materia luminosa, y luego pesar la galaxia como un todo. Como te estarás imaginando ya, el peso no coincide, y no por poco precisamente, sino que el peso de la materia luminosa es solo un 20% del total. El resto de los métodos —el giro de estrellas en una galaxia y de galaxias en un cúmulo, la lente gravitacional fuerte y débil, gas caliente en clústeres, cálculos de la nucleosíntesis en el Big Bang, entre otros— apuntan a esta evidencia.

Lo midas como lo midas, en el universo hay más materia de la que podemos ver.

Pero ¿dónde está? En 1976 Vera Rubin observó que en las regiones más alejadas del centro de las galaxias existe demasiada poca materia como para que las estrellas que se encuentran en esas regiones mantengan sus velocidades orbitales, con lo que ahí debería haber grandes cantidades de materia. En teoría la materia oscura se encuentra formando un halo esférico alrededor de las galaxias —el llamado «halo oscuro»—, así que técnicamente podríamos decir que la materia oscura está en todas partes, incluso en el espacio que hay a nuestro alrededor.

Aun teniendo en cuenta todo lo anteriormente expuesto, es comprensible pensar que haya científicos que no crean en la existencia de materia oscura. La ciencia está plagada de errores —de hecho la forma misma en que la ciencia mejora es precisamente así, a base de aciertos y errores— y comprender y corregir estos últimos nos da cierta perspectiva que permite que la ciencia mejore y evolucione. Los detractores de la materia oscura habitualmente recuerdan lo sucedido en el pasado con el éter, por sus similitudes con aquella.

A finales del siglo XIX los científicos intentaban encontrar el éter, una sustancia que sostenía las ondulaciones electromagnéticas que hacían posible que se propagara la luz, ya que se pensaba que necesitaba un medio a través del cual propagar su energía. Este material se definía como «invisible» e «infinito», no interactuaba con los objetos y, por supuesto, ningún científico era capaz de encontrarlo (de ahí la similitud con la materia oscura que nos ocupa ahora).

Algunos científicos empezaron a preguntarse: ¿y si el éter simplemente no existe? Albert Michelson y Edward Morley, de la Universidad Case Western Reserve de Cleveland, llevaron a cabo uno de los experimentos más famosos de la física y el éter fue descartado por la comunidad científica.

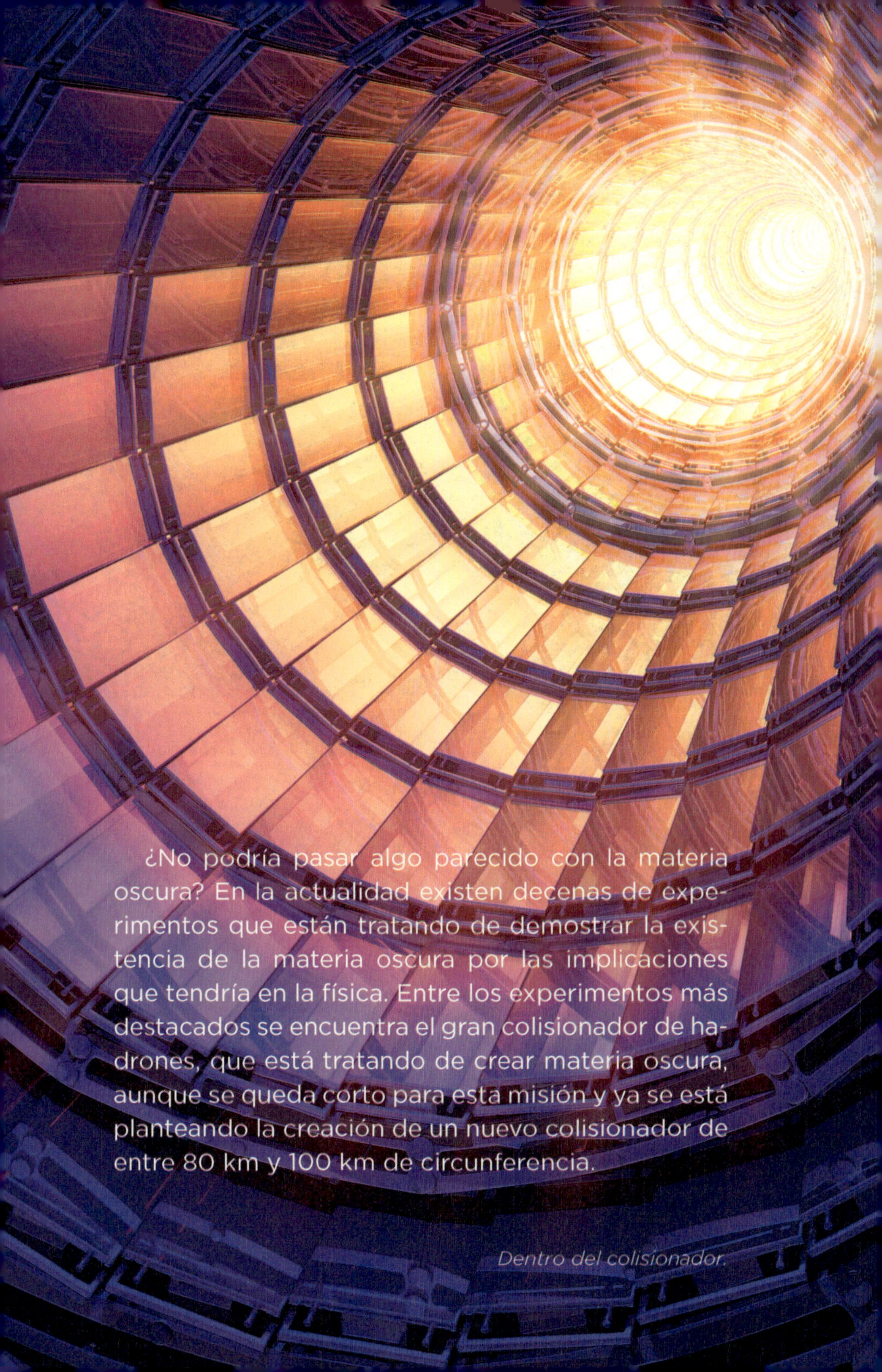

¿No podría pasar algo parecido con la materia oscura? En la actualidad existen decenas de experimentos que están tratando de demostrar la existencia de la materia oscura por las implicaciones que tendría en la física. Entre los experimentos más destacados se encuentra el gran colisionador de hadrones, que está tratando de crear materia oscura, aunque se queda corto para esta misión y ya se está planteando la creación de un nuevo colisionador de entre 80 km y 100 km de circunferencia.

Dentro del colisionador.

Pero ¿cómo es posible crear materia con un colisionador de hadrones? Los detectores principales del gran colisionador (LHC por sus siglas en inglés) no permiten detectar partículas que interactúen débilmente, así que para lograr este objetivo se ha diseñado un experimento llamado FASER que se ubicará en un túnel de servicio a 480 m bajo el nivel del mar. Este túnel, que actualmente está en desuso, es ideal porque está protegido por 100 m de roca y hormigón para evitar cualquier interferencia externa.

El experimento se coloca en un haz intenso tanto de neutrinos como de —si llega el caso— nuevas partículas. De esta forma se pretende descubrir fotones oscuros.

Estas partículas se podrían producir en desintegraciones de hadrones, por lo que se producirían en la dirección de avance del eje de colisión. Estas partículas podrían viajar cientos de metros sin interactuar antes de descomponerse y es el momento en el que FASER pretende detectarlas.

Colisionador de hadrones.

El universo ejerce
una extraña presión que
actúa contra la gravedad
cósmica. Esta gravedad
negativa lucha constantemente
contra la propia gravedad y,
como quiera que sea, tiene la
batalla ganada y solo
es cuestión de tiempo
que nos aleje para siempre
a la velocidad de la luz.

Capítulo 11

La energía oscura

Uno de los mejores modelos teóricos de la historia de la humanidad es la teoría general de la relatividad. Cuando Albert Einstein publicó esta obra en 1916 pocos científicos podían hacerse una idea de la importancia de este manuscrito de tan solo 46 páginas.

La energía oscura

La física teórica es para muchos la más compleja de las ramas de la física. Al contrario que en la física de laboratorio, donde en su día a día el científico está rodeado de costosísimos equipos, el físico teórico solo cuenta con su imaginación para desarrollar su trabajo. Y, claro, si quieres formular una teoría que modele todo el universo, la tarea no es fácil en absoluto. Y lo peor de todo no es eso, sino que una vez que has terminado tu trabajo llega la parte más difícil, que es encontrar evidencia en el mundo real de que tu teoría funciona. Por desgracia, Albert Einstein nunca pudo llegar a ver cómo la teoría general de la relatividad era constatada con evidencias científicas en múltiples ocasiones, ya que murió en 1955. El 11 de febrero de 2016 científicos del experimento LIGO y Virgo anunciaron el descubrimiento de las ondas gravitacionales que Einstein había predicho hacía 100 años, lo que validó nuevamente la teoría general de la relatividad.

Las ondas gravitacionales son fluctuaciones generadas en la curvatura del espacio-tiempo que se propagan como ondas a la velocidad de la luz y son generadas por perturbaciones gravitacionales colosales, como, por ejemplo, una colisión entre dos agujeros negros o la explosión de una supernova. Las ondas electromagnéticas provienen de electrones individuales y son incoherentes, y sus frecuencias son determinadas por microfísica, con lo que admiten múltiples polarizaciones. Sin embargo, las ondas gravitatorias solo admiten dos tipos de polarización: polarización plus y polarización cruzada.

Pero ¿a qué viene todo esto? En el capítulo 8 hablamos de la constante cosmológica. Esta constante, descartada por Einstein, ha estado yendo y viniendo a la escena de la física desde entonces porque hay algo que no cuadra.

Alexander Friedmann demostró matemáticamente que el universo está en un estado inestable entre la expansión y el colapso, pero no sabemos por qué.

En 1998 dos grupos de investigadores detectaron que decenas de las supernovas más lejanas que habíamos observado parecían más tenues de lo que deberían ser, y no precisamente por poco, sino con un amplio 15%; esto trajo de nuevo al tablero de juego la constante cosmológica de Einstein, ya que era lo único que podía explicar este comportamiento.

Estas supernovas tienen una particularidad importante y es que son, en términos astrofísicos, candelas estándar, es decir, nos sirven como referencia para calcular distancias, ya que tienen una particularidad importante: la energía que liberan cuando explotan sus estrellas es muy homogénea.

Existe otro método para medir la distancia a las galaxias y es realmente asombroso: la velocidad de recesión de la Vía Láctea.

Como el universo está en expansión, los objetos más lejanos se alejan de nosotros más rápido que los que están cerca, así que de esta forma también podemos calcular distancias a galaxias lejanas. Estos métodos por separado están comprobados y nos dan total seguridad de su precisión. Sin embargo, aquí es donde viene el problema: si los usamos para medir la misma galaxia nos dan resultados muy diferentes...

De repente nos volvimos a encontrar con una fuerza repulsiva en el universo que no podíamos explicar, y se acuñó el término «energía oscura» para referirnos a esta fuerza tan misteriosa e inexplicable.

Esta fuerza es una fuente de presión negativa que no solo equilibra la gravedad sino que además la vence, y es una de las mejores explicaciones que tenemos para la expansión acelerada del universo. Este tipo de energía es capaz de acelerar la velocidad de expansión del universo, pero no tenemos ningún tipo de prueba de su existencia más allá de nuestros cálculos. Al igual que ocurría con el éter, esta energía debería existir pero no hemos sido capaces de detectarla ni de medirla.

La energía oscura parece ser una de las cosas más abundantes del universo. Se cree que es responsable del 68% de toda su masa-energía, mientras que la materia oscura es un 27% y la materia bariónica —la que vemos y de la que está hecha lo que conocemos— solo representa un 5%.

Este tipo de energía, al contrario que la contenida en partículas y radiaciones, no se diluye en el espacio, ya que cuanto más se expande el universo más cantidad de ella podemos encontrar. Por esta razón la energía oscura domina la gravedad en el universo, ya que a largo plazo es una clara ganadora. Según los cálculos actuales, la energía oscura lleva ganando esta batalla desde hace 7.000 millones de años.

Algunos físicos han intentado dar explicación a esta energía tratando de encontrar otros tipos de energías para rellenar el vacío del espacio, y es que es posible rellenar este vacío de muchas formas, por ejemplo con el campo de Higgs o con las fluctuaciones cuánticas del vacío.

El problema reside en que, si sumamos todas estas posibles contribuciones energéticas, el resultado es muchísimo mayor del que medimos experimentalmente. ¿Será entonces que la energía oscura no es una energía de vacío estándar?

Una de las posibilidades que existen es que ni materia oscura ni energía oscura existan realmente y que estemos recabando los datos de forma incorrecta. Recuerda que esto ya ha ocurrido en el pasado, y no pocas veces precisamente.

Una de las teorías más en boga entre los científicos que niegan la existencia de la materia oscura y de la energía oscura es que vivimos en una zona peculiar del universo, una zona donde, por alguna extraña razón, es normal que las observaciones que hacemos no cuadren con el modelo que tenemos de nuestro universo. En la actualidad estamos usando otros métodos para tratar de desentrañar el misterio de la energía oscura, como, por ejemplo, las oscilaciones acústicas de bariones.

Cuando se formó el universo después del Big Bang, los protones y electrones estaban en un estado libre en el plasma que hacía que la luz no pudiera escapar. La gravedad comprimía este plasma pero no lo hacía uniformemente, sino que la presión era mayor en unas zonas que en otras. Por otra parte, la radiación empujaba estas zonas de presión en sentido contrario, lo que provocaba que se propagaran ondas. Cuando el universo se hubo enfriado suficientemente, estas ondas se detuvieron y provocaron que existieran zonas con una mayor densidad de materia, lo que hizo que en estas zonas se formaran galaxias.

Como conocemos dónde están las galaxias actualmente y también sabemos dónde estaban originalmente, gracias al fondo de radiación de microondas, podemos deducir cómo ha evolucionado la expansión del universo. Para poder comprender la energía oscura es necesario que tengamos un mejor conocimiento de cómo se relacionan el espacio, el tiempo y la materia.

La NASA y la ESA están trabajando en una misión conjunta para tratar de desentrañar este misterio. La misión Euclides cartografiará la forma, el brillo y la distribución de 2.000 millones de galaxias, alcanzando hasta el primer cuarto de la historia del universo, para conseguir recabar suficientes datos y continuar investigando sobre los efectos que tienen la energía oscura y la materia oscura sobre las galaxias.

Esta misión —que será operada desde la Tierra a 1,5 millones de kilómetros por la Agencia Espacial Europea— está formada por mil científicos de cien instituciones distribuidas en catorce países: Austria, Dinamarca, Francia, Finlandia, Alemania, Italia, Países Bajos, Noruega, Portugal, Rumanía, España, Suiza, Reino Unido y Estados Unidos.

Ilustración digital de Saturno y algunas de sus lunas sobre la Vía Láctea.

Si una estrella es suficientemente masiva y compacta, tendrá un campo gravitatorio tan poderoso que ni siquiera la luz podrá escapar de ella. Cualquier luz emitida desde esta estrella simplemente sería frenada por la propia estrella y sería imposible observarla. Hasta hace bien poco no hemos sido capaces de diseñar un método que nos permitiera ver un agujero negro, pero por fin es posible.

Capítulo 12

Los agujeros negros

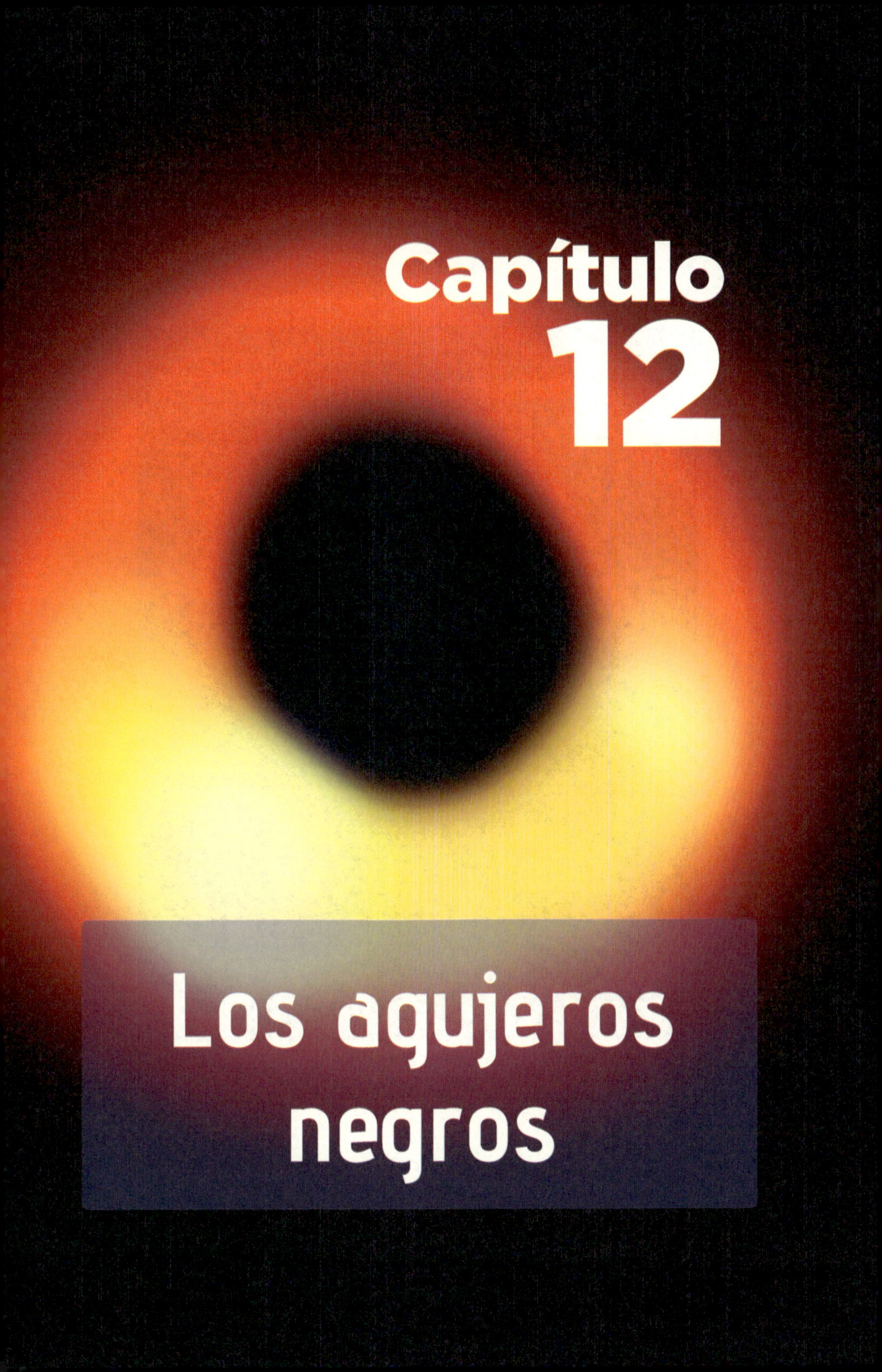

Sin lugar a dudas, los agujeros negros son los objetos más misteriosos e impresionantes de todo el universo. Son, además, un magnífico ejemplo de cómo la ciencia puede predecir la existencia de algo que a priori no podemos ver, después demostrarlo matemáticamente y, por fin, traerlo a la realidad en forma de imagen.

El primer agujero negro que ha sido fotografiado se encuentra en el centro de Messier 87, una galaxia que está cerca del cúmulo de Virgo, y se encuentra a 55 millones de años luz de la Tierra. Esa imagen no solo representa un objeto más del cosmos: en realidad es una prueba de cómo el ser humano puede conseguir todo lo que se propone. Aunque se encuentra muy lejos, captar la imagen ha sido posible por su increíble tamaño, ya que su masa es 6.500 millones de veces la del Sol.

Conseguirla no ha sido nada fácil; para lograr este hito sin precedentes un equipo de 200 investigadores ha conectado ocho radiotelescopios distribuidos por todo el planeta y formado así un telescopio virtual del tamaño de la Tierra al que se ha bautizado con el nombre de Telescopio Horizonte de Sucesos (EHT por sus siglas en inglés). Esta gigantesca operación ha requerido la colaboración de instalaciones en la Antártida, Chile, España, Estados Unidos y México.

Podríamos decir que los agujeros negros son como trampillas en el cosmos: son zonas con tanta gravedad que crean en el espacio un lugar donde las leyes de la física que conocemos cambian.

La primera persona que pensó en un agujero negro fue el profesor John Michell en 1783 (no, Stephen Hawking no descubrió los agujeros negros, como casi todo el mundo piensa, aunque descubrió algo incluso mejor, pero eso lo veremos después). Michell observó que, si aplicáramos suficiente velocidad a un objeto, este irremediablemente sería capaz de escapar de la gravedad de la Tierra —es lo que conocemos como «velocidad de escape»—, pero pensó que habría estrellas con tanta masa que no dejaría escapar la luz y las llamó «estrellas negras», porque al no emitir luz no podríamos verlas.

Los agujeros negros se forman porque una gran cantidad de materia colapsa debido a la gravedad, aunque la ciencia no siempre pensó que eso fuera posible. En 1939 Albert Einstein afirmó en un artículo que esto no podía suceder a causa de la gravedad, porque la materia no podía comprimirse más allá de un punto. La expresión «agujero negro» fue usada por primera vez por John Wheeler en 1967.

La mayoría de los agujeros negros se forman cuando mueren estrellas muy masivas, ya que cuando esto ocurre se produce una implosión que puede alcanzar una velocidad cercana a un cuarto de la velocidad de la luz y esto atrae tanta masa que distorsiona el tejido del universo y se forma una singularidad.

La densidad de estos objetos es tan grande que un agujero negro de 10 veces la masa del Sol tendría tan solo 60 km de diámetro.

Observar un agujero negro directamente no es posible, porque el espacio que lo rodea está bloqueado por el horizonte de sucesos, que forma una especie de envoltura que separa el agujero negro del resto del universo. Una vez traspasado el horizonte de sucesos, nada puede escapar de él, ni siquiera la luz, así que la única forma de ver estos objetos es por cómo afectan a la materia que está cerca de ellos. La materia puede orbitar los agujeros negros igual que los planetas orbitan las estrellas.

Muchos agujeros negros tienen un disco de masa orbitando su horizonte de sucesos que puede estar increíblemente caliente, ya que esta masa puede llegar a moverse a casi la mitad de la velocidad de la luz; esto provoca que la fricción la caliente a millones de grados, lo que hace que este espacio que los rodea sea realmente brillante. En las proximidades de un agujero negro la gravedad es tan fuerte que no solo la materia lo orbita, sino que también lo hace la luz.

Como sabemos, la gravedad, además, altera el paso del tiempo y cuanto más fuerte es la gravedad más lento pasa el tiempo. Si alguien pudiera estar al lado de un agujero negro vería cómo el universo acelera, mientras que si un observador mirase a esa persona desde fuera vería cómo se mueve muy lentamente hasta llegar a pararse por completo.

Debido a la increíble gravedad de estos objetos, todo lo que se acerca a un agujero negro termina convirtiéndose en parte de su masa concentrada en una singularidad.

Desde el punto de vista de la física podemos definir «singularidad» como una zona del espacio-tiempo donde no es posible definir una magnitud física relacionada con los campos gravitatorios.

Las singularidades tienen tres propiedades principales: masa, giro y carga eléctrica, y esto es muy interesante, porque al tener solo estas tres propiedades, todas las singularidades del universo son iguales. Debido a este hecho, es más fácil describir una singularidad sobre el papel que en la realidad.

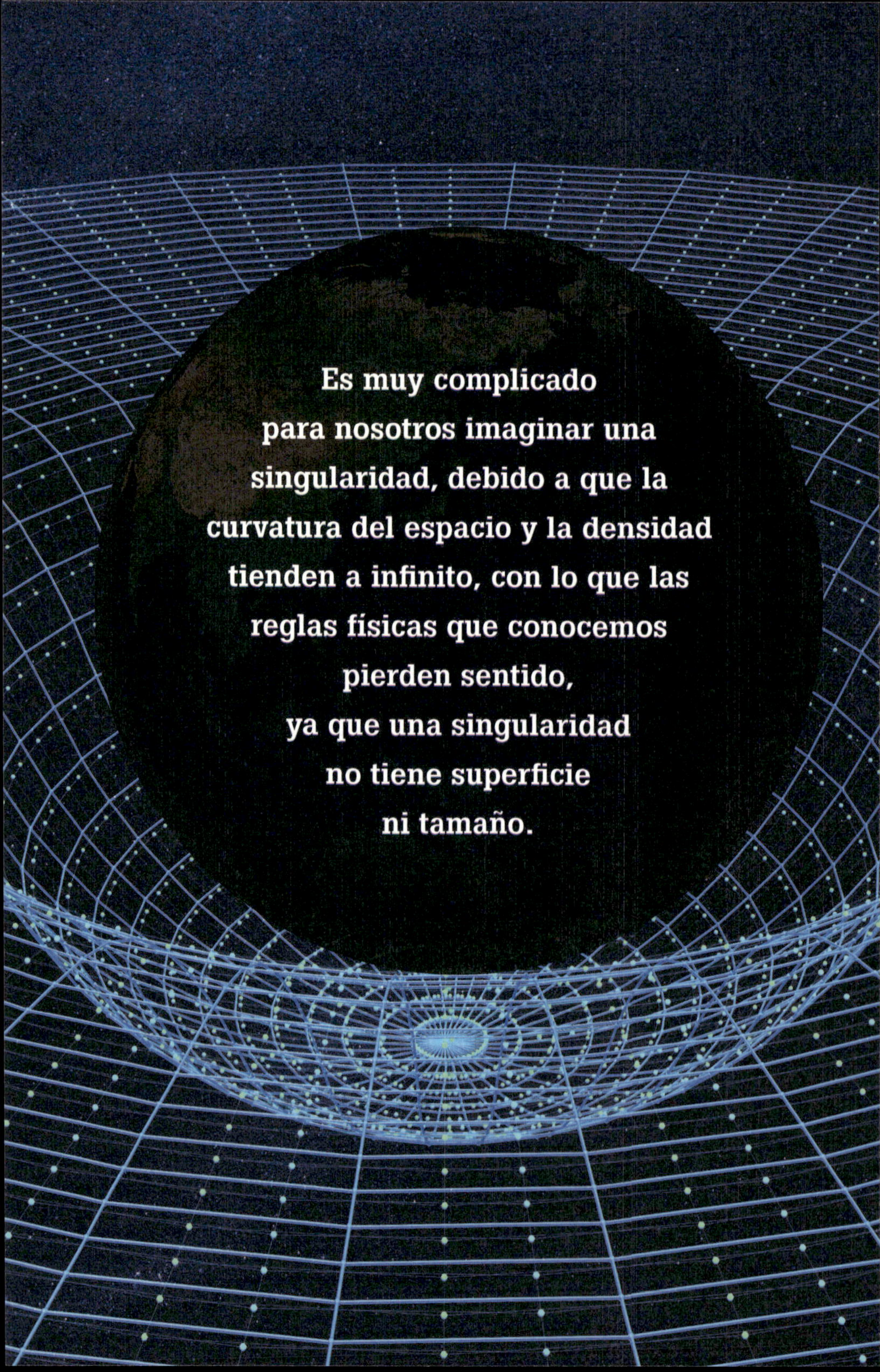

Es muy complicado
para nosotros imaginar una
singularidad, debido a que la
curvatura del espacio y la densidad
tienden a infinito, con lo que las
reglas físicas que conocemos
pierden sentido,
ya que una singularidad
no tiene superficie
ni tamaño.

Realmente no sabemos cuánto tiempo puede llegar a vivir un agujero negro, pero hay una buena teoría al respecto y es gracias a la radiación de Hawking. En la teoría cuántica de campos, el vacío del espacio hierve con fluctuaciones cuánticas y estas fluctuaciones crean pares de partículas de materia y antimateria que se anulan mutuamente. A estas partículas las llamamos «partículas virtuales» porque no pueden ser observadas directamente, aunque sí es posible medir sus efectos indirectos gracias al efecto Lamb. Si un par de partículas se crean cerca del horizonte de sucesos de un agujero negro, una de estas partículas puede caer dentro del mismo y otra fuera y no ser destruida.

Aniquilación partícula-antipartícula.

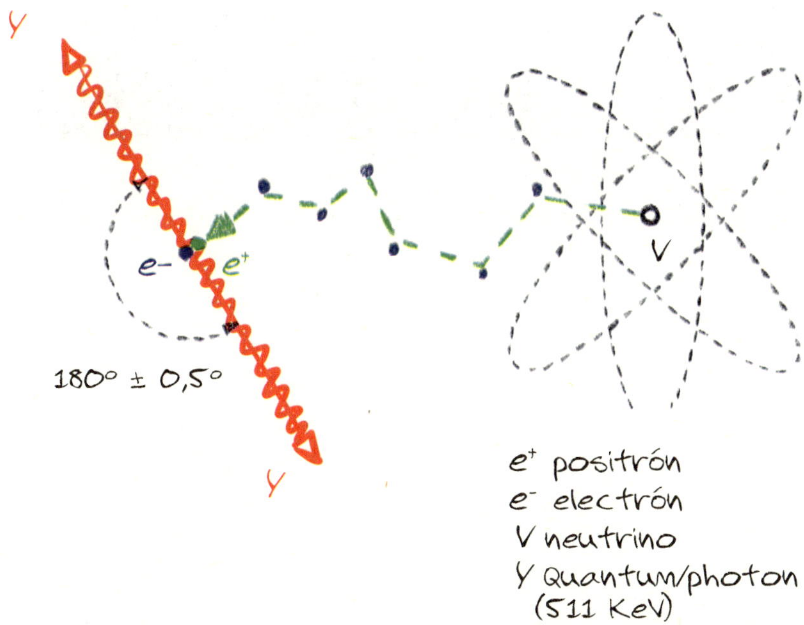

Esta partícula que escapa es la radiación de Hawking, que es material que proviene de la masa del agujero negro. De esta forma el objeto iría perdiendo masa paulatinamente a una tasa predecible, y es que cuanto más pequeño es, más rápidamente pierde su masa.

Un agujero negro con la masa de nuestro Sol tiene un tiempo de vida de 10 elevado a 67 años, con lo que en billones de años pierde el 0,0000001% de su masa.

Casi todos los agujeros negros que conocemos son mucho más masivos que nuestro Sol, así que se piensa que algunos de ellos —como los que hay en los centros de las galaxias— podrían llegar a existir durante más de 10 elevado a 100 años.

Sin embargo, podrían existir agujeros negros muy pequeños, aunque todavía no se ha detectado ninguno. Un agujero negro de tan solo unos kilómetros de diámetro emitiría rayos X y rayos gamma con una tasa del orden de millones de megavatios, con lo que serían una estupenda fuente de energía, incluso mucho mejor que la ansiada fusión nuclear.

¿Qué ocurre cuando un objeto entra en un agujero negro? Es una pregunta realmente complicada de contestar, ya que nunca podremos verlo por la naturaleza misma de estos objetos. Hasta hace unos años se creía que nada de lo que entra en un agujero negro puede salir, pero hoy sabemos que esto no es así, ya que conocemos que estos objetos emiten radiación de Hawking.

Si un agujero negro emite materia, ¿qué es esta materia? O, mejor dicho, ¿qué fue? Ahora es cuando las cosas se ponen realmente interesantes: ¿las partículas que emite un agujero negro son emitidas al azar? Aparentemente así es, y no tienen relación con el objeto del que provienen cuando entró en el agujero negro; lo único que se conserva es la masa y la cantidad de rotación, lo que plantea un problema muy complejo para la ciencia, relacionado con el determinismo.

El determinismo científico considera que el mundo físico evoluciona con el tiempo con unas reglas predeterminadas y que, en consecuencia, el azar es solo un fenómeno aparente. Imagina que estás jugando con otros jugadores y lanzas un dado. El determinismo nos dice que, si uno de los jugadores tuviera en cuenta absolutamente todas las variables que están relacionadas con la tirada, podría calcular con total precisión qué número saldría en la misma. Por poner algunos ejemplos, tendría que conocer la velocidad con la que tiras el dado, el ángulo con el que toca la mesa, el rozamiento con el tapete, el material del que está hecho el dado, y así sucesivamente hasta tener en consideración todos los factores posibles.

Si la información se pierde dentro del agujero negro cuando este desaparece —lo que implica que diferentes estados podrían convertirse en un mismo estado—, significaría, por ejemplo, que no podríamos predecir el futuro, pero también que no podemos estar seguros al cien por cien de cómo ha sido nuestro pasado. Este problema ha sido un verdadero quebradero de cabeza para los físicos durante 40 años y podría ser que hubiéramos encontrado la solución.

En 2015 Dejan Stojkovic publicó un trabajo en el cual demostraba que las interacciones de las partículas emitidas por un agujero negro contienen información sobre lo que hay dentro de él, así como características del objeto del que proviene dicha partícula.

Los anteriores trabajos en este campo no habían tenido en cuenta las interacciones entre las partículas emitidas por el agujero negro porque se las consideraba tan pequeñas que eran despreciables, pero esta aproximación apunta hacia una solución.

Los agujeros negros son los objetos más misteriosos y difíciles de comprender del universo, pero existe algo que lo supera: los agujeros blancos.

Estos se propusieron como soluciones a las ecuaciones del campo gravitatorio de Einstein y se piensa que es imposible que existan. Estos agujeros blancos dejarían escapar materia y energía en lugar de absorberla, de modo que nada podría permanecer en su interior para siempre.

La luz es tan rápida que en nuestro día a día consideramos que es inmediata, pero realmente no es así. Podemos mantener una conversación con la otra parte del mundo en tiempo real o incluso enviar señales a la Luna en menos de dos segundos, pero cuando el marco de referencia son las distancias cósmicas nos damos cuenta de que la luz es, en realidad, muy lenta.

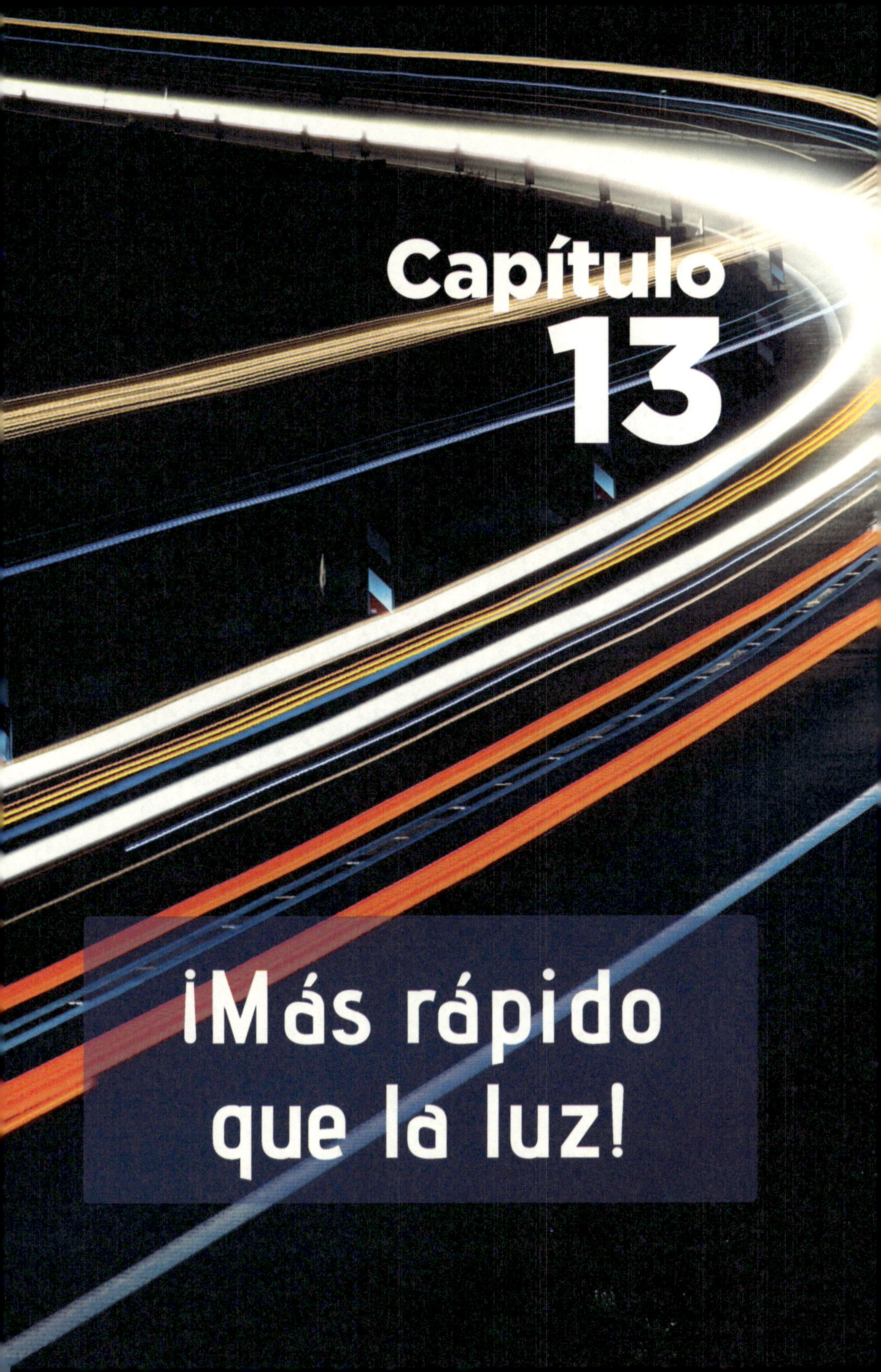

Capítulo 13

¡Más rápido que la luz!

La estrella más cercana
a nuestro planeta es
Próxima Centauri.
Es la tercera estrella
del sistema
Alfa Centauri y está
situada a 4,2 años luz
de la Tierra.

Próxima B es un planeta que orbita esta estrella justo a la distancia necesaria para que su temperatura sea similar a la de la Tierra. Es rocoso, tiene una masa similar a la de nuestro planeta, y hasta hace poco se consideraba uno de los mejores candidatos para albergar vida. Recientemente esta posibilidad se ha descartado por completo, ya que Próxima Centauri es una enana roja tremendamente inestable.

Cualquier planeta que no tenga un potente campo magnético como el de la Tierra y que orbite una estrella similar a esta vería cómo su atmósfera es barrida por completo y su agua es evaporada por la radiación, lo que impediría que la vida se desarrollase. Aunque supiéramos a ciencia cierta que este planeta es un gemelo de la Tierra y tuviéramos un telescopio que nos permitiera verlo con todo detalle —en vez de mostrar un pequeño punto en una imagen, como hasta ahora—, tendríamos que conformarnos simplemente con mirarlo.

A día de hoy no es posible viajar a estas distancias tan colosales. La nave más rápida que hemos construido es la sonda Solar Parker y su récord de velocidad absoluto es de 532.000 km/h. Para entendernos, a esta velocidad viajaríamos de Madrid a Nueva York en 39 segundos. A Próxima B tardaría 8.607 años en llegar. Sabemos que no es posible viajar a la velocidad de la luz, pero ¿por qué lo sabemos?

Viajar a la velocidad de la luz requiere de una cantidad infinita de energía.

Claro que no hemos intentado poner ninguna nave a esta velocidad, recordemos que el récord lo tiene Solar Parker con un 2,18% de la velocidad de la luz. Esto se explica con la fórmula más famosa de la física:

$$E = mc^2$$

Esta fórmula, que vemos en tazas, camisetas y pósters, en realidad no se usa demasiado porque es una simplificación que asume que el objeto está en reposo y, como bien sabemos, casi nada está en reposo en el universo.

En realidad la fórmula completa es esta, y se utiliza para objetos que están en movimiento.

$$E = \sqrt{p^2 c^2 + m^2 c^2}$$

Pero para explicar por qué un objeto con masa no puede viajar más rápido que la luz vamos a utilizar una tercera fórmula. En esta ocasión vamos a incorporar el factor de Lorentz a la ecuación:

$$E = \frac{mc^2}{\sqrt{1 - \frac{v^2}{c^2}}}$$

A la vista de esta fórmula, observamos que la energía aumenta con la velocidad del objeto v y que, cuando esta velocidad se aproxima a la velocidad de la luz, tiende a infinito. Al sustituir v por la velocidad del objeto que queremos que vaya a la velocidad de la luz y c por el valor de la velocidad de la luz, ocurre esto:

$$E = \frac{mc^2}{\sqrt{1 - \frac{300.000^2}{300.000^2}}}$$

Ambos valores son iguales, con lo que podemos simplificar la operación, que quedaría de esta forma:

$$E = \frac{mc^2}{\sqrt{1 - 1}}$$

¡Ya casi lo tenemos! Uno menos uno es cero y ¿cuál es el resultado de la raíz cuadrada de cero? ¡Cero! Así que la fórmula nos queda de esta forma.

$$E = \frac{mc^2}{0}$$

Ya solo queda resolver la ecuación. ¿Cuánto es cualquier cosa dividida entre cero? ¡Nada! No se puede dividir un número entre cero porque el resultado es indeterminado. Sin embargo, en este caso podemos hacer una excepción, ya que cuando el denominador de una función tiende a cero, el límite de la función tiende a infinito, así que ya tendríamos la respuesta.

$$E = \infty$$

La energía necesaria para que un objeto con masa alcance la velocidad de la luz es infinita. Y esto es un problema, porque la energía disponible en el universo no es infinita.

Incluso si fuésemos capaces de acoplar una estrella a nuestra nave espacial y usarla como combustible, agotaríamos su energía antes de conseguir que nuestra nave acelerase a la velocidad de la luz.

Desde luego no parece posible que a corto plazo podamos visitar los planetas y las estrellas que tenemos cerca, y por supuesto ni hablemos de las que tenemos a miles de años luz de distancia. Entonces ¿qué opciones tenemos?

Los motores convencionales simplemente no sirven, por lo que desde hace unos cuantos años se está trabajando en otras opciones, como los motores nucleares o iónicos. Estos nuevos desarrollos son excelentes opciones para impulsar nuestras naves y sondas en misiones de exploración espacial y serán muy útiles en el futuro para visitar planetas cercanos, pero siguen siendo inútiles para salir del sistema solar.

Otra puerta que no está del todo cerrada son los agujeros de gusano o túneles de Einstein-Rosen. Estos objetos, hipotéticamente, crearían un efecto túnel que permitiría viajar de un punto a otro del espacio creando atajos en el mismo. El problema es que nadie sabe cómo crearlos; lo único que sabemos es que matemáticamente es posible. La otra opción es más esperanzadora, aunque hoy sigue siendo inalcanzable con nuestra tecnología. Es la propulsión a distorsión o *warp drive* propuesta por Miguel Alcubierre en 1994.

Sabemos que el universo se está expandiendo, y que lo hace más rápido que la luz. La teoría general de la relatividad de Einstein lo permite: nada puede viajar más rápido que la luz, pero el espacio sí puede expandirse más rápido que esta.

La idea básicamente consiste en viajar con el espacio, en lugar de a través del espacio. Es decir, estirar el espacio detrás de la nave para que esta se aleje de lo que tiene detrás y contraer el espacio delante de la nave para que se acerque a lo que tiene delante de ella. De esta forma la nave cambiaría de posición en el espacio sin moverse, porque es el espacio el que se está moviendo debido a esta contracción y expansión controlada. Por desgracia, llevar a la práctica esto no es tan fácil como suena: para producir estas distorsiones en el espacio se necesita una gran cantidad de energía negativa —es decir, masa negativa, ya que $E = mc^2$— y se cree que no existe masa negativa en el universo, aunque las leyes de la física no lo prohíben.

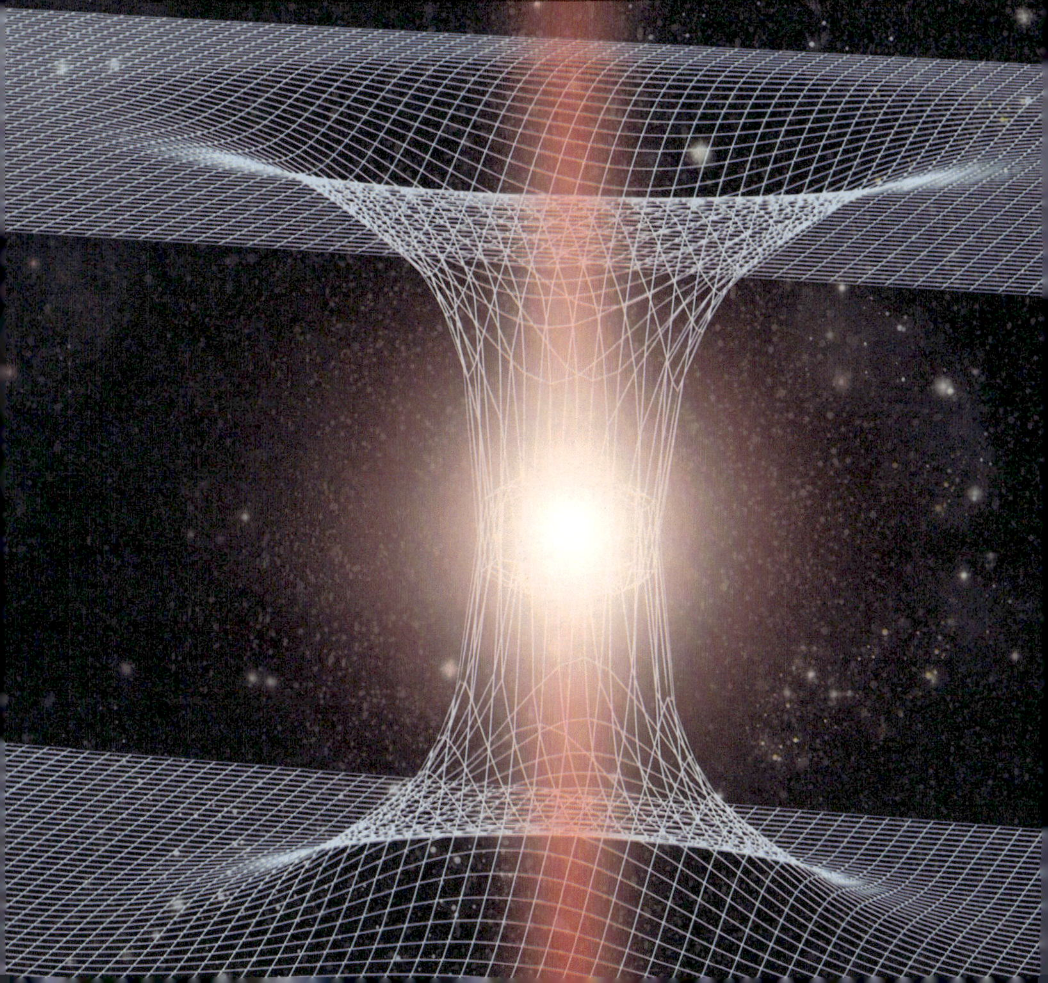

El sueño del ser humano siempre ha sido explorar otros planetas, y ahora esta idea toma más fuerza que nunca. Parecemos incapaces de cuidar nuestro entorno, y algunos científicos incluso creen que hemos llegado a un punto de no retorno. Hace años que comenzamos a intentar salir de la Tierra pero, si el universo fuera un océano, en nuestro viaje estaríamos aún a un metro de la playa.

Capítulo 14

La nueva carrera espacial

El 17 de diciembre de 1903 los hermanos Wright realizaron el primer vuelo tripulado a motor. Solo 58 años después, el 12 de abril de 1961, Yuri Gagarin se convirtió en el primer ser humano en viajar al espacio; ocho años más tarde, el 20 de julio de 1969, Armstrong y Aldrin pisaron por primera vez la Luna y pronunciaron la mítica frase: «Es un pequeño paso para un hombre, pero un gran salto para la humanidad».

Durante los siguientes años se consiguieron nuevos logros, como el programa del transbordador espacial —que pretendía convertirse en un sistema parcialmente reutilizable para poner en órbita personas y cargas y que realizó 135 misiones entre 1981 y 2011—, la construcción de la Estación Espacial Internacional y el lanzamiento de miles de satélites artificiales, incluido el telescopio espacial Hubble.

Sin embargo, después de esto no han pasado muchas cosas emocionantes en la exploración espacial. Es cierto que muchos países tienen agencias espaciales, y que los lanzamientos y programas espaciales ya no son solo dominio de Estados Unidos y Rusia, pero estos nuevos desarrollos han estado orientados casi exclusivamente al envío de satélites artificiales al espacio y a misiones de exploración con sondas y róvers a otros planetas. Aparentemente los viajes al espacio habían caído en el olvido tanto para las agencias espaciales como para el público en general.

Este panorama ha cambiado recientemente. El cambio se gestó hace unos años con la creación de la compañía SpaceX de Elon Musk, que pasó de ser el sueño de una persona a convertirse en la empresa que más lanzamientos realiza; ha ganado contratos de miles de millones de dólares y se ha convertido en un aliado imprescindible para la NASA y en una de las compañías privadas más valiosas del planeta.

El empresario arrancó su proyecto en un contexto donde la exploración espacial estaba en su peor momento: el público apenas tenía interés y la exploración se limitaba prácticamente a la Estación Espacial Internacional, pero rápidamente acaparó la atención del público y los inversores con Mars Oasis.

Mars Oasis pretendía enviar un invernadero a Marte para tratar de cultivar vegetales utilizando el sustrato marciano.

Musk analizó las necesidades del mercado y descubrió que muchas empresas necesitaban poner satélites en órbita pero que el coste del lanzamiento era demasiado alto. Comenzó su plan de desarrollo con cohetes de bajo coste, que además fueran reutilizables, para captar clientes que dieran beneficios.

El plan era repartir los beneficios entre los accionistas y el desarrollo de la tecnología necesaria para llegar a Marte. La clave del éxito se basó en la capacidad de reutilización de sus cohetes.

En poco tiempo se convirtió en el centro de atención de las nuevas promesas académicas norteamericanas. Esta emocionante iniciativa por fin traía algo nuevo a la exploración espacial. En 20 años SpaceX ha conseguido logros históricos, pero en la nueva carrera espacial privada Elon Musk no está solo...

Jeff Bezos, fundador de Amazon, creó en el año 2000 Blue Origin. Cinco años después declaró que están desarrollando un vehículo suborbital de despegue y aterrizaje vertical capaz de llevar a tres o más astronautas al límite del espacio.

Fotomontaje de un astronauta en el espacio.

El desarrollo de esta tecnología le ha llevado 16 años, durante los cuales ha invertido miles de millones de dólares. Blue Origin no se ha caracterizado por conseguir grandes contratos —al contrario que SpaceX—, aunque ha logrado importantes alianzas, como la construcción del motor BE-4 para el cohete Vulcan, y está trabajando en importantes proyectos. La gran baza de Blue Origin para su desarrollo tecnológico y empresarial es New Shepard, el vehículo reutilizable estrella de la compañía, que ha sido desarrollado con el objetivo de popularizar los viajes turísticos al espacio. El primer vuelo de New Shepard se produjo en noviembre de 2015: alcanzó una altitud de 100,5 km y consiguió aterrizar verticalmente.

En 2020 Jeff Bezos realizó el primer viaje tripulado con su nave junto a Mark Bezos, Wally Funk y Oliver Daemen; de este modo, la suya se convirtió en la segunda empresa del mundo en realizar un vuelo turístico al espacio.

El tercer actor de la nueva carrera espacial es Richard Branson con su empresa Virgin Galactic, que fue fundada en 2004 con la intención de convertirse en la compañía líder en el turismo espacial.

Virgin Galactic se convirtió en la primera empresa en lograr un vuelo comercial tripulado el 13 de diciembre de 2018 con la SpaceShipTwo, que alcanzó una altura de 82,7 km; poco después, el 11 de julio de 2021, se convirtió en la primera empresa del mundo en realizar un vuelo turístico al espacio.

La estrategia de Virgin Galactic es muy distinta a la de sus competidores, y no solo por el alcance netamente turístico y por el diseño de sus aeronaves, sino por los lanzamientos y vuelos. Los despegues no se realizan en vertical, ya que no son cohetes, sino que la nave espacial va unida a un avión, creado para alcanzar la estratosfera y facilitar el lanzamiento. Con esta idea tan innovadora, Branson pretende abaratar al máximo el billete para viajar al espacio.

Estas tres empresas están consiguiendo que el espacio esté en boca de todos —y al alcance de muy pocos—, pero debemos fijar nuestro objetivo mucho más lejos: la Luna, Marte o Encélado, la luna de Saturno en la que recientemente hemos descubierto océanos de agua líquida gracias a la sonda Cassini. El programa Artemisa de la NASA y las misiones que se deriven de ella nos permitirán en un futuro no muy lejano recabar más información del espacio y de los planetas del sistema solar.

Queda mucho por descubrir pero, como dijo una vez un sabio, un viaje de mil millas comienza con un primer paso. Esa persona que hace miles de años miró a Orión por primera vez dio ese primer paso por nosotros, así que sigamos caminando.

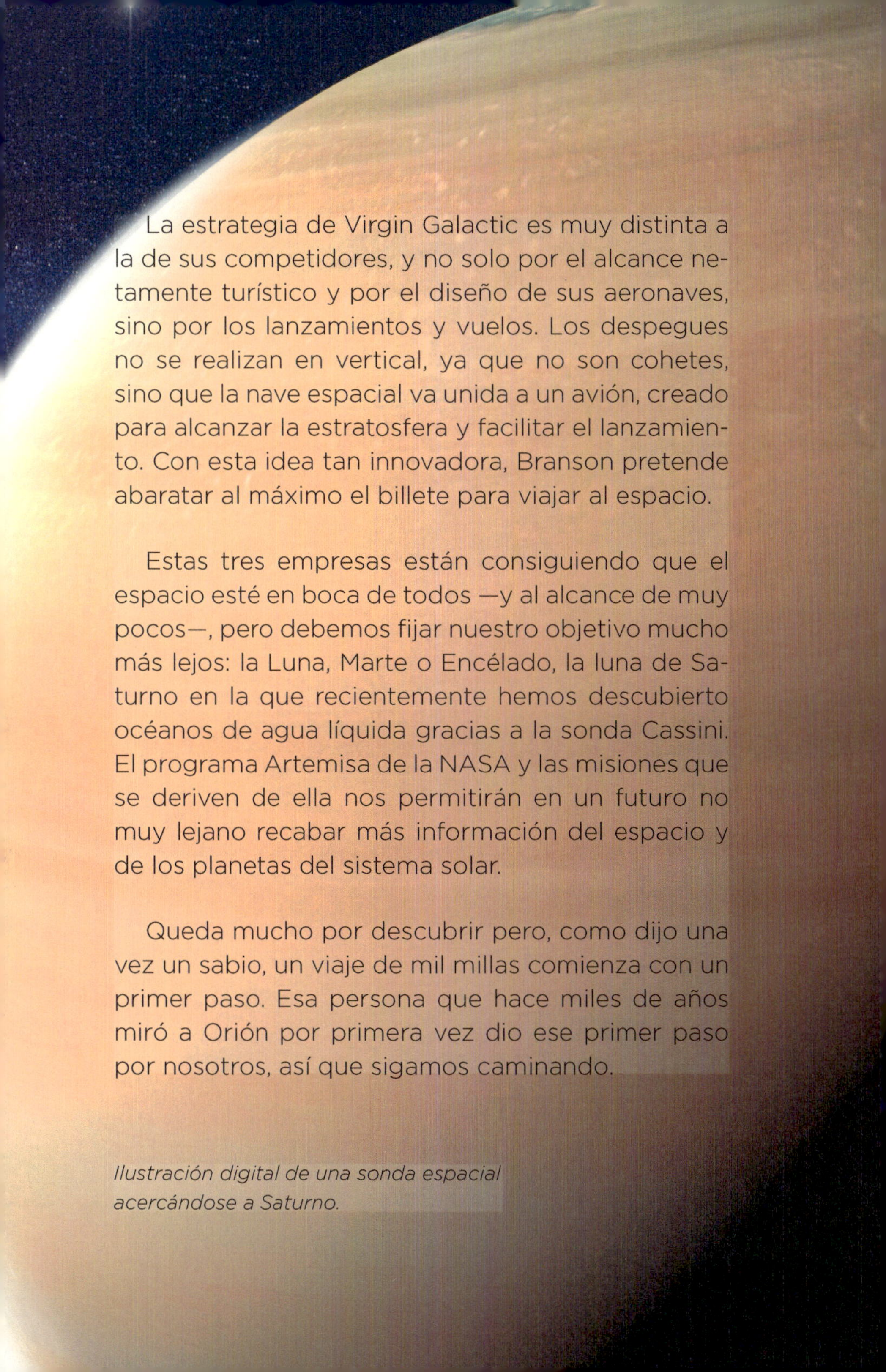

Ilustración digital de una sonda espacial acercándose a Saturno.

Agradecimientos

(listado por orden alfabético)

A Miguel Alcubierre

Gracias por ser una inspiración y por haber escrito el prólogo de mi primer libro. Significa mucho para mí contar con unas páginas tuyas en esta obra.

A Solmar Varela

Gracias por tantas horas de incansable trabajo y por tu increíble generosidad.

Este libro ha sido posible gracias a tantas personas que literalmente sería imposible mencionarlas a todas, así que de nuevo un millón de gracias por apoyarme siempre.

Mis fuentes de inspiración

(listado por orden alfabético)

adrianciencia
alan.yellow.science
aldo bartra
astrocarla
astrofisica.parati
astronomíaweb
bk97studio
c de ciencia
cuarentaydos42
delius_a_secas
derivando
dot.csv
elfisicobarbudo
exoplanetas
javier santaolalla
jjpriego
auraflores.ciencia
mariana maus
marta.hallo
miguel alcubierre
quantumfracture
solmar varela
spacexstorm
spacex podcast
willdiv